大展好書 好書大展

Cocktail

現在最流行的時髦飲料

演奏美麗樂章。在夜幕低垂之際，飲用一杯雞尾酒，內心湧現一股幸福感。

在 Bar 享受是很好的，不過，如果自己能夠親手調製，更別有一番滋味。能夠擁有自己的風格，絕非是一種夢想。

雞尾酒的小道具

想要調出美味的雞尾酒，需要備有各式各樣
的道具。逐步地添購，也是一大樂趣。

濾器

調酒器

攪拌棒

量杯

調酒杯

調酒匙

威士忌雞尾酒杯

西式小菜刀

冰鎮果子酒杯

酸味酒杯

香檳酒杯

葡萄酒杯

啤酒杯

冰鑽

雪莉酒杯

白蘭地酒杯

開瓶塞鑽

酒保刀

腳酒杯

利口酒杯

雞尾酒杯

開瓶器

高腳杯

高明的搖酒方法

❶姿勢擺在左胸前，以斜上→前方→
斜下→前方四個動作搖動

❷搖動時間約為5～6秒鐘，如果加入
雞蛋或鮮奶油，要用力搖

❸一邊用食指壓住濾器，一邊迅速倒
入酒杯中

❹不留一滴地全部倒入

Delicious Cocktails

酸味酒
鹹狗

著名的淑女殺手
螺絲起子

溺漫加勒比海的香味
黛克蕾

美麗的紅色
巴卡魯迪

爽口的感覺
莫斯科騾子

美味的雞尾酒喝法

▶用指尖拿住杯腳的部分。由於是短飲酒，故喝的時間約10分鐘

圖：如果能加上快樂的交談，更能增添雞尾酒的美味

▶白蘭地酒杯的拿法是，好像包住較寬廣的部分似地拿住

▶冰鎮果子酒杯要拿住下方，用小指支撐底部。由於是慢飲酒，故要慢慢地品嚐。

Beautiful Cocktails

適合夏天的味道
葡萄淡酒

以沙拉的感覺來享受
血腥瑪麗

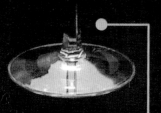

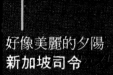

餐前酒的代表
基　爾

好像美麗的夕陽
新加坡司令

萊姆飄香
萊姆伏特加

Attractive Cocktails

南國風味
マイタイ

濃烈的味道
天使之吻

可依個人喜好來享用
威士忌雞尾酒

雞尾酒的代表
馬丁尼

威士忌基酒的傑作
曼哈頓

雞尾酒大全

今井清　監修
法蘭西　著
劉雪卿　譯

家庭／生活
46

目　錄

PART　1　學習雞尾酒的基礎

PART　2　調製雞尾酒

PART 1
學習雞尾酒的基礎

雞尾酒的趣聞與歷史

能夠配合季節與當時的心情，享受「色、香、味」的美味飲料，就是——雞尾酒。

一提到雞尾酒，很多人會連想到調酒器。不過，雞尾酒並不只是利用調酒器製造出來的飲料，而是由酒與酒，或果汁、藥、碳酸飲料等兩種以上的材料混合而成的飲料。同時，配合飲用者的希望，是在想喝之前才製成的混合飲料。

然而，雞尾酒的意義到底為何呢？如果要直譯的話，即指「公雞的尾巴」。那麼，優雅、時髦的飲料，為何要擁有這般的名稱呢？

有關雞尾酒名稱的由來，眾說紛紜，當然，不出傳說的範圍。在此，為各位介紹數種傳說。

昔日，一艘英國船進入了墨西哥尤卡坦島的坎培查港。登陸的船員們進入酒店以後，在櫃檯處，一位少年用一根完全剝去皮的樹枝調出美味的混合飲料，請船員們享用。其中一名船員問：「這是什麼？」少年回答：「這是可拉迪加糾。」以西班牙語來說的話，可拉迪加糾即是「公雞的尾巴」的意思。

船員問的是飲料的名稱，但是少年會錯了意，以為是在問當時所使用的樹枝。因為這根樹枝宛如公雞的尾巴，因此少年暱稱這個樹枝為雞尾。

這句話後來直接譯成英文「公雞的尾巴」，然後輾轉而

成為現在雞尾酒的名稱。

　　在美國，關於此也有數種傳說。有人說在獨立戰爭時，某位寡婦從反美的愛爾蘭人那兒偷來了一隻公雞，藉以用來振奮士兵的士氣，並且用公雞的尾巴調製混合酒，這即是雞尾酒的起源。

　　雞尾酒這個字眼，於十九世紀中葉，在英國社會就已經滲透於一般大眾之間了。但是，將酒與其他材料混合，調製成別種風味的飲料而加以使用，乃是自古以來即已存在的方法。

　　例如：埃及人在紀元前於啤酒中加入蜂蜜或是椰棗汁來飲用。在羅馬時代，眾人都知道用海水或泉水調製葡萄酒，有時，也會加入樹脂一起飲用。甚至認為直接飲用葡萄酒，是非比尋常的行為。

　　中國的唐朝，於葡萄酒中加入馬奶，做成乳酸飲料來飲用。在中世紀的西歐，寒冬時，於葡萄酒中加入香料後溫熱飲用，是大眾化的喝法。

　　由此可知，堪稱雞尾酒前身的混合飲料，自古以來即已流傳著。不過，多半是利用葡萄酒或啤酒來變化味道而已，種類十分有限。等到白蘭地、威士忌，甚至杜松子酒、蘭姆酒、利口酒等蒸餾酒登場以後，才出現真正的雞尾酒。

首先要記住種類

雞尾酒的材料，可依自己的喜好自由地組合，隨意進行調味。但是，如果能夠事先知道各種味道，就能夠享用更美味的雞尾酒了。爲了能夠享用到美味的雞尾酒，首先要了解其種類。

雞尾酒大致可依如下的方式來分類，(1)依作法來分類、(2)依飲用的時刻來分類、(3)依喝時所花的時間來分類、(4)依完成時的溫度來分類、(5)依基酒的種類與配合的比例來分類等。

(1)依作法來分類

●使用調酒器

用調酒器搖動的目的，是爲了冷卻或產生美味的口感，抑或是使難以混合的材料能夠快速地混合。

首先，經由搖動，能使空氣進入酒中，形成細小的氣泡，包住酒。因此，即使生飲時會產生強烈刺激的烈酒，亦容易入口，同時，更加的美味。

●使用調酒杯

在如啤酒杯一般大的調酒杯中放入材料，用攪拌匙攪拌混合，製造出雞尾酒來。這個方法能夠品嚐到當成材料的酒之原味，同時，也能夠製成雞尾酒。

●直接倒入杯中調酒

簡便的方法，就是利用材料酒的比重之不同，做出各層來，這是此作法的特徵。

●使用果汁機

要將冰打碎成果子露狀，或要利用果汁含量不多的果肉時，可使用果汁機。由於熱帶飲料的流行，故使用機會增多。

(2)依飲用的時刻來分類

●餐前酒

所謂餐前酒，即指於飯前飲用的酒精飲料，能夠促進食欲，提升味覺。多半以辣性酒為主，在雞尾酒之中，以馬丁尼為餐前酒的代表。

●餐後酒

在飯後飲用的酒精飲料，一般為甜性酒。雞尾酒之中，經常使用的基酒是白蘭地和利口酒。

●全天候型

沒有特別限定時間來飲用的酒。

(3)依喝時所花的時間來分類

●短飲酒

所謂短飲，即是不用花太多時間來喝的意思。短飲酒，可利用調酒器或調酒杯與冰一起快速混合而作成。主要是使用雞尾酒杯及香檳酒杯來喝。

此外，大都是混合不同比重的酒，所以如果花太多時間飲用，酒可能會分離或失去冷度，破壞了美味。

●慢飲酒

指需要在較長時間來喝的酒。通常是使用無腳酒杯或高腳

酒杯等較長的杯子來喝。

慢飲酒依處方的不同，有如下數種分類。

☆**酸酒**

酸酒帶有「酸味」，亦即基酒中加入大量檸檬汁的飲料，例如酸威士忌、酸蘭姆等雞尾酒，即是賦予基酒之名。

☆**費斯**

費斯是以二氧化碳所發出的「嘶」的聲音來加以命名。基酒中加入酸甜味，同時以蘇打來調配。

☆**冰威士忌蘇打**

是最大眾化的慢飲酒之一。在無腳酒杯中倒入威士忌，再加入2～3個冰塊，然後以蘇打水或薑汁啤酒、可樂等加滿。

☆**加水酒**

分為冷、熱兩種。將砂糖與少量的水輕微混合，再倒入基酒，以熱水加滿者，即為熱水酒；以冷水加滿者，即為冷水酒。

☆**冰鎮**

法語是「充分冷卻」的意思。適合當成餐前飲用的是冰鎮苦艾酒或冰鎮葡萄酒；而冰鎮利口酒，則適合飯後飲用。

(4)依完成時的溫度來分類

●冷飲

一般的雞尾酒，多半使用調酒器或是利用調酒杯調好酒後，加入冰塊，喝起來具有冰涼感。因此，雞尾酒多半適合冷飲。

●熱飲

加入熱開水或熱牛奶，趁熱飲用，於冬天時飲用，或做為睡前酒來飲用。

(5)依基酒的種類與配合的比例來分類

●酒精原料

含有酒精的雞尾酒。

●無酒精的飲料

完全不含酒精成分的雞尾酒。主要是用八盎司、無腳酒杯或高腳杯等大型的杯子、 無酒精飲料是屬於慢飲酒之一。

☆果汁飲料

果汁中加入柑香酒、果子露等甜味，用水調配而成。以橘子水、檸檬水等較為有名。

☆鮮果汁

以檸檬汁為代表的爽口飲料。

果汁中加入蘇打水調配，加入甜味。

☆純果汁

100％的果汁，有時會加入甜味。

製作雞尾酒的小道具

想要迅速而又高明地製作雞尾酒，則需要利用各種道具。以下的道具則不可或缺。

調酒器

為作雞尾酒的代表器具，由頂蓋、濾器、罐體三個部分所構成。多半是使用不鏽鋼製或銀製等金屬製品。最近，也出現罐體部分為玻璃的製品。如果是初學者，最好選用較易處理的不鏽鋼製品。

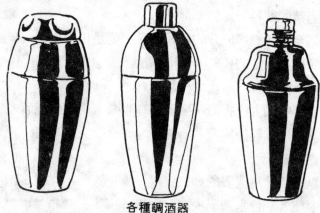

各種調酒器

尺寸分為大型（5～6人用）、中型（3～4人用）、小型（1人用）三種，家庭中使用中型較為合適。

調酒杯

將雞尾酒材料混合的玻璃容器。採用厚玻璃製的調酒杯，較易混合。內側的底部為圓形。濾器抵住注口的部分，將酒倒

入杯中。

調酒匙

　　為使材料混合而使用的長柄匙。柄的中央部分為螺旋狀，較易轉動長匙，或便於取出瓶中的櫻桃等，一端為湯匙狀。

濾器

　　嵌入調酒杯中，是倒雞尾酒時所使用的器具。這是使得冰不會一起流入杯中的器具，故要選擇與調酒杯完全吻合的濾器。濾器包含過濾的意思，即是指從調酒杯中只將雞尾酒過濾出來倒入杯中之義。調酒器也有濾器，不過，多半是與調酒杯使用。

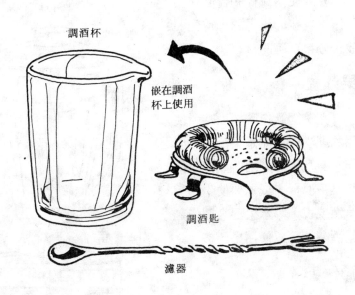

調酒杯

嵌在調酒
杯上使用

調酒匙

濾器

量杯

量酒或果汁分量的金屬製杯子。由30ml 與45ml 的杯子背對背組合在一起，爲一般的型態，使用方便、另外，還有15ml 與30ml 組合而成的量杯。此外，也有30ml 與60ml 組合的量杯。

成爲職業調酒師後，不需要使用量杯，就能夠直接將分量倒入杯中。不過，初學者一定要養成使用量杯的習慣。爲了作出美味的雞尾酒，首先要放入分量正確的材料。

果汁機

在美國製作雞尾酒時所使用的調酒機，即是果汁機。要作冷凍型的雞尾酒、要使牛奶與雞蛋混合，或是要使牛奶與草莓或香蕉等水果混合製作雞尾酒時，可以使用果汁機。

酒保力

折疊式的刀子。裡面包括

量杯

果汁機

有開瓶塞鑽、酒吧刀、開螺栓器等。只要擁有它，就能夠輕易地打開葡萄酒的瓶塞。

開瓶塞鑽

　　想要拔除葡萄酒等的瓶塞時所使用的工具。分爲螺旋狀型、在瓶塞與瓶子之間插入金屬板型、送入空氣拔除瓶塞型，可任意選用。

開瓶塞鑽　　　　　酒保刀

榨汁器

榨汁器

榨出檸檬或柳丁等果汁的工具,分為玻璃製、陶製、塑膠製等數種。

冰桶與冰鋏子

冰桶是放冰塊的桶狀容器,在家庭酒吧中,最好要備有這種容器,分為金屬製與玻璃製。另外,還有保溫型冰桶。

冰鋏子呈鋸齒狀,是夾冰塊的工具。要將冰塊放入調酒器或杯中時,勿用手抓,要使用冰鋏子。

冰鑽

尖端呈錐狀,十分尖銳,鑿碎冰塊時使用。用手拿著冰塊而加以鑿碎冰時,最好握著冰鑽的前端,以免戳到手。

攪拌棒

攪拌倒入酒杯中的雞尾酒,或壓碎水果時所使用的棒

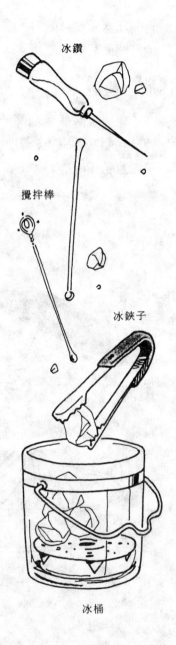

冰鑽

攪拌棒

冰鋏子

冰桶

子。分爲不鏽鋼製、玻璃製、
塑膠製等各種材料。

碎冰器

　　能夠輕鬆地作出碎冰來。
在製作熱帶飲料或冰鎮飲料
時，亦即在需要大量的碎冰
時，可善加利用這種器具。

開罐器

　　有的是與開瓶器合爲一
體，但是，使用開瓶器時，可
能會被開罐器的刀刃劃傷手，
故最好選擇專用的開罐器。

雞尾酒籤

　　用來裝飾雞尾酒的檸檬、
橘子、橄欖、櫻桃等，可插入
酒籤加以固定。選擇尖端不會
過於尖銳的塑膠製品，較便於
使用。

水壺

　　調配水酒時所使用的水
壺。選擇注水口能夠堵住冰塊
的水壺，較便於使用。

雞尾酒籤

開罐器

碎冰器

利用酒杯增添美感

　　能夠使用不同的酒杯，也是享受雞尾酒的一大樂事。看著倒入美麗酒杯中的雞尾酒，如詩如畫。

　　不過，就好像服裝的穿著需要配合Ｔ、Ｐ、Ｏ一樣，雞尾酒也因種類的不同，而使用的酒杯也各有不同。

　　基本上，度數較強的酒或味道較濃冽的酒，使用小酒杯。其他的酒，則使用稍大的酒杯。不過，這只是大致的標準而已，也要配合自己的感覺，慎選酒杯。

　　酒杯的種類五花八門，在家庭中，只要準備二、三個雞尾酒杯、白蘭地酒杯、葡萄酒杯、無腳酒杯、威士忌雞尾酒杯等即已足夠。慢慢地，可以增添一些不同的酒杯，或因用途的不同，改變酒杯。多花點工夫，找出適合自己的器具使用方法。

雞尾酒杯

　　一般為倒三角形，下方帶有細長腳的酒杯，幾乎都是短飲酒時使用。

　　為了使具有冷度的雞尾酒不至於溫熱，故要以指尖拿住細腳。酒杯的傾斜度不宜過大。此外，還有圓形設計的酒杯，適用於甜雞尾酒。底部平坦的雞尾酒杯，適用於原味酒。容量以90ml為標準型，在酒杯中倒入60ml的材料所製造的雞尾酒，具有美麗的外觀。

白蘭地酒杯

　　是外形有如鬱金香一般的高腳酒杯。大小約為180～300ml。喝白蘭地時，不管酒杯的大小為何，大約倒入30ml，好像用手包住酒杯膨脹的部分似的拿住酒杯，一邊溫熱酒，一邊

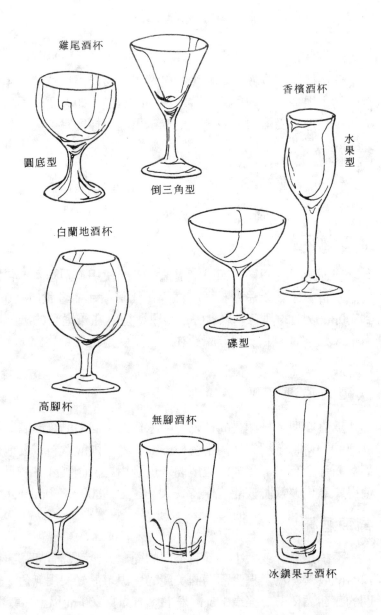

雞尾酒杯

圓底型

倒三角型

香檳酒杯

水果型

白蘭地酒杯

碟型

高腳杯

無腳酒杯

冰鎮果子酒杯

飲用。沈醉在酒香中，慢慢品嚐酒的美味。

香檳酒杯

分為杯口部分較寬、較淺的碟型，以及口徑較狹窄、杯身較長的水果型。碟型為慶祝時乾杯用的酒杯。如果要一邊品嚐美食，一邊享受美酒的滋味，則以水果型酒杯為宜。

高腳杯

是杯腳較粗的杯子，啤酒、無酒精飲料或使用很多冰的雞尾酒等適用。容量約以300ml為標準。

無腳酒杯

普通所說的酒杯，即是指這種杯子。使用範圍極廣，包括發泡飲料、冰威士忌蘇打、啤酒等，均可使用。容量為180ml到300ml以上的都有，以240ml為標準型。在雞尾酒的調配處方中，如果寫著「使用無腳酒杯」時，就是指容量為240ml的酒杯。

冰鎮果子酒杯

為直筒型杯身極長的杯子，喝冰類果子酒型的雞尾酒或慢飲型的飲料時，經常使用這種杯子。此外，碳酸飲料或發泡性葡萄酒等含有二氧化碳的雞尾酒，也適用之。因為杯身較長，使得二氧化碳氣體較能夠保持長久。容量為300～360ml。

葡萄酒杯

不論是設計或大小，都有不同的種類，全都具有杯腳，杯口略微收緊。為了享受葡萄酒美麗的色澤，最好使用無色、透明的葡萄酒杯。口徑為6.5cm左右，容量為200ml以上，較薄

酸味酒杯

葡萄酒杯

利口酒杯

啤酒杯

大型者可
以取代調
酒杯使用

雪莉酒杯

威士忌雞尾酒杯

小型者可
以做為潘
契杯使用

的玻璃製品比較理想。倒酒時,只要倒入一半或三分之二的量即可。

利口酒杯

原本是為了直接喝利口酒而準備的酒杯。但喝威士忌或伏特加酒、龍舌蘭酒、蘭姆酒等辣性酒時,亦可使用。容量為30ml(1盎司),故亦可做為量杯來使用。

雪莉酒杯

比葡萄酒杯更小一圈,帶有小杯腳。喝雪莉酒、杜松子酒、苦艾酒時使用。大小介於利口酒杯與葡萄酒杯之間,約60~75ml的容量。

酸味酒杯

喝酸威士忌、酸白蘭地等酸味的雞尾酒時所使用的酒杯。依國情的不同,有的國家是使用有杯腳的酒杯,有的國家則使用平底型的酒杯。容量一般為120ml,是屬於中型的酒杯。

威士忌雞尾酒杯

堪稱是現在無腳酒杯的原型,也是自古以來就有的設計。一般人所熟知的,是當成加冰威士忌用的酒杯,容量為180~300ml。

啤酒杯

為平底而附有把手的酒杯。有大型的啤酒杯及小型的葡萄酒杯。小型的可做為咖啡杯來使用,亦可當成潘契杯來使用。大型的,則可當成調酒杯來使用。

PART 2
調製雞尾酒

首先要學習基本的調酒法

搖動

　　器皿中放入材料與冰，迅速地蓋上濾器與頂蓋。

　　調酒器的拿法，如果是慣用右手的人，用右手拇指按住調酒器的頂部，右手剩下的4指稍微張開，支撐調酒器。左手的中指與無名指第一關節前端繞到調酒器的底部，拇指按住濾器的下方，好像用食指與小指夾住調酒器似的。

　　其次，是搖動的方式。首先，將拿著調酒器的手置於左胸附近，然後輕輕地將調酒器朝眼前的高度推出，再直接地收回，以斜上、前方、斜下、前方，好像寫「く」字的方式，利用4個動作來進行。起初，不要用力地搖，慢慢地加速，在結束時，感覺好像慢慢地減速一般，最後自然地停止。

調酒器的構造

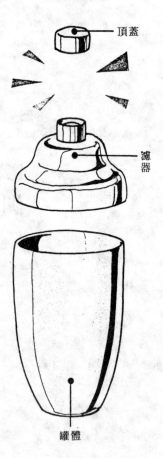

頂蓋

濾器

罐體

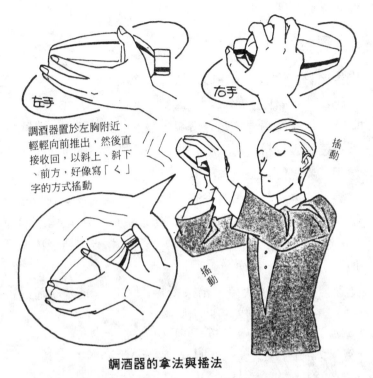

調酒器置於左胸附近、輕輕向前推出，然後直接收回，以斜上、斜下、前方，好像寫「く」字的方式搖動

搖動

搖動

調酒器的拿法與搖法

　　搖動時間約爲5～6秒鐘。溫度爲4～5度C，冰涼的感覺傳達到指尖，調酒器也好像也罩上一層霜似地變白。當然，依調酒器內的內容或搖動的強弱之不同，而有不同的變化，不過，大約以搖動10～15次爲標準。

　　倒酒時，用右手拿住調酒器，左手鬆開頂蓋，以食指壓住濾器，迅速將酒倒入酒杯中，不留任何一滴，全部倒入。

　　搖動的目的，是爲了使酒喝起來不像水那般的淡，能夠使材料充分混合，同時，保持冷度。因此，重點在於要選用

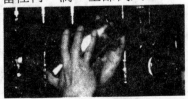

沒有摻雜氣泡的硬冰。

攪拌調酒法

攪拌調酒法的重點，在於調酒匙的拿法。

首先，在調酒杯中放入4個大冰塊，再倒入水，在沖洗冰塊的同時，也能使調酒杯充分冷卻。然後，蓋上濾器，去除水分，再迅速倒入材料，用調酒匙同時攪拌材料與水。這時，左手好像用指尖壓住調酒杯底部似的方式握住酒杯。

調酒匙的拿法，是用右手的中指與無名指夾住螺旋狀的部分，拇指與食指輕輕地靠攏。重點在於匙的背部要經常靠向杯子的內側，以前端抵住底部的狀態，靜靜地攪拌。避免冰塊互相碰撞。

迅速攪拌15～16次後，結束攪拌的工作。充分冷卻混合後，蓋上濾器，將酒倒入酒杯中。

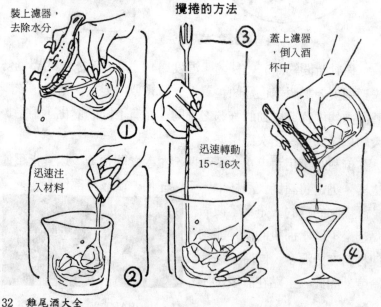

攪捲的方法

裝上濾器，去除水分

迅速注入材料

迅速轉動15～16次

蓋上濾器，倒入酒杯中

直接倒入調酒法

這是直接將材料倒入杯中的方法。在雞尾酒的調製方法中，這是最簡單的一種。採用直接倒入調酒法時，事先要將全部的材料充分冷卻。有時也可能會使用冰，不過，其目的並非是為了使材料冷卻，只是為了保持材料的冷度而已。有時需要於最後倒入蘇打水，如果蘇打水未事先冷卻，冰塊會溶化，使雞尾酒喝起來淡而無味。

在此，以威士忌蘇打為例，說明直接倒入調酒法的作法。首先，在無腳酒杯中放入

將全部材料事先冰過

冰涼

① 注入材料

只要攪捲1～2次即可

2、3個冰塊，加入45ml的威士忌，再加入蘇打水。蘇打水只要倒到酒杯八分滿的程度即可。其次，以調酒匙攪拌，即可完成。

攪拌過度，會使二氧化碳流失，使酒變得淡而無味。因此，只要攪拌1～2次即可。

飄浮調酒法

這是將不同比重的酒，依比重的順序，靜靜地使其重疊，不會混合在一起，好像飄浮於杯中似的，這即是所謂的飄浮調酒法。

飄浮調酒法

酒的比重，以萃取成分愈多者，比重愈高，而酒精成分愈高者，比重愈輕。如果有萃取成分表示，則一看即知道；如果沒有萃取成分表示，則酒精度數愈高者，比重愈輕。因此，倒入杯中的酒，要從比重較重者開始倒。

勿慌張，慢慢地倒入，是秘訣所在

事先用較小的酒杯量出必要量。調酒匙抵住酒杯的內測，沿著匙的背部，靜靜地倒入酒，勿操之過急，不慌不忙地倒入，才是秘訣所在。

擠果皮法

果皮指的是檸檬、橘子、萊姆等柑橘類的皮，為提升雞尾酒的香氣而使用。愈新鮮的果皮，香氣愈濃。只要切下使用的分量即可。

首先備妥新鮮的檸檬、橘子、萊姆，用水洗淨。因為是直接使用皮的部分，故要充分洗淨。

用刀子削出薄皮。

皮表朝向前方，用中指與拇指將汁擠入杯中。從皮中所滲

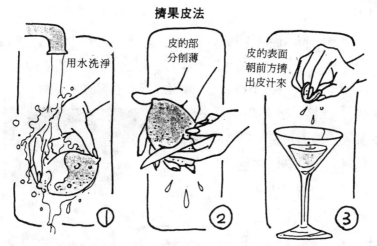

擠果皮法

用水洗淨 ①

皮的部分削薄 ②

皮的表面朝前方擠出皮汁來 ③

出的油,味道很苦。因此,最好距離杯子15cm,從45度角擠入,如此,只有香味會留在雞尾酒中,是最好的方法。

碎冰

小而碎成粒狀的冰,較方塊冰為小。

作法是使用乾燥的大毛巾或堅固的塑膠袋包住冰,用冰鑽的柄或槌頭等仔細地敲打。如果需要使用大量的碎冰時,可利用碎冰器,十分簡便。

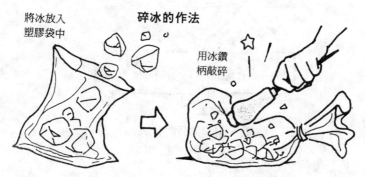

碎冰的作法

將冰放入塑膠袋中

用冰鑽柄敲碎

雪花

　　在酒杯的杯緣撒上食鹽或砂糖，好像雪花凍結似的，稱為「雪花型」。雪使其美觀，重點在於使用完全乾燥的酒杯。

　　首先，在酒杯的杯緣抵住檸檬或萊姆的切口，用果汁沾濕杯緣。 然後，於平坦的器皿上攤開砂糖或食鹽，再將用果汁沾濕的杯口蓋在器皿上，即可形成美麗的雪花。

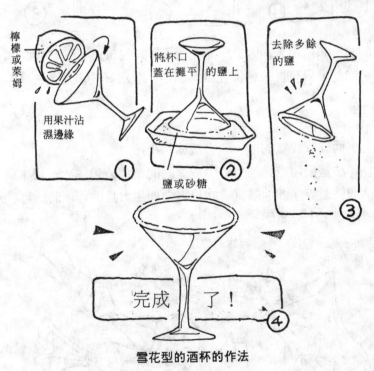

雪花型的酒杯的作法

榨汁

　　使用榨汁器等道具，將柑橘類的果汁榨出，稱爲榨汁。榨汁器包括玻璃製、陶製、塑膠製等各種製品。

　　作法是將檸檬、橘子、萊姆等對半切開，切口輕輕抵住榨汁器，一邊按壓、一邊朝左右慢慢地旋轉，榨出果汁來。用力過度的話，甚至會榨出果汁皮的油，帶有苦味。另外，種子與皮不可掉入果汁中。

水果對半切開，切口　　　　　抵住榨汁器，輕輕按壓，
朝左右旋轉

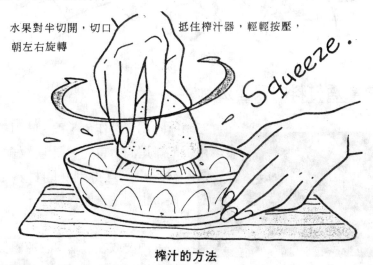

榨汁的方法

瓶塞的開法

　　對於酒的保存而言，瓶塞具有重要的作用。

　　要打開瓶塞時，首先將開瓶塞鑽插入瓶塞的正中央，配合瓶塞的長度插入。如果插得過深，會使瓶塞破裂，殘渣掉入酒中，故要小心。

　　拔出的瞬間，不可發出太大的聲響，宜愼重。

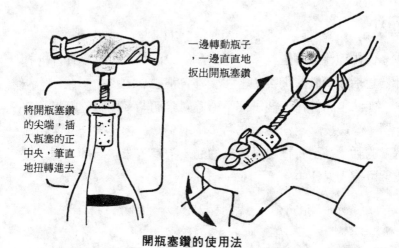

一邊轉動瓶子，一邊直直地扳出開瓶塞鑽

將開瓶塞鑽的尖端，插入瓶塞的正中央，筆直地扭轉進去

開瓶塞鑽的使用法

雞尾酒材料的保管法

為了製作色、香、味俱全的雞尾酒，首先，要選擇好的材料。一旦得到好的材料之後，也要注意保管方法。

●酒

酒要放在黑暗、陰涼處保管。像葡萄酒或香檳，為了不使瓶塞乾燥，故要橫放保存。

一旦撥開瓶塞以後，酒的品質會降低，故要儘早喝完。尤其是葡萄酒等的釀造酒，應該要趁早喝完。蒸餾酒的瓶塞，則要妥善地保管。

酒瓶的標籤，要整齊地朝前方排列，隨時用乾布擦拭灰塵，保持乾淨。

拿酒瓶時，標籤朝向客人，因此要養成從側面拿的習慣。如果標籤朝下來倒酒，滴出的酒滴，可能會污染到標籤，故要立即擦拭乾淨。

●水果與果汁

　　雞尾酒所使用的果汁或水果，一定要選用新鮮的。最好是使用完全新鮮的水果或果汁。

　　沒有用完的水果，要以布捲蓋住，放入冰箱中保存。檸檬汁的使用，最好在使用當時再擠汁。

　　如果無法得到新鮮的水果，則可以使用罐裝或瓶裝的水果。一旦打開後，要儘早使用。若有剩餘，要放在其他的保存容器中，置於冰箱內保存。

●牛奶與奶油

　　當然，乳製品也要選用新鮮的。經常代替生奶油使用的煉乳，開瓶後，8小時內會腐壞，故一定要放在其他的密封容器中加以冷藏。

☆酒要保存於陰晴涼爽之處

雞尾酒所使用的基酒

調製雞尾酒時，所使用的基本酒，稱為「基酒」。

如果基本酒是威士忌，則稱為威士忌基酒；如果是杜松子酒的話，則稱為杜松子基酒。

成為基酒的酒，依製作的不同，可分為⑴釀造酒、⑵蒸餾酒、⑶混合酒三種。

⑴釀造酒

使穀物或水果發酵而製成的酒。

代表為葡萄酒與啤酒。酒精度較低，開瓶後，容易變質，故要儘早飲用。

●葡萄酒

葡萄酒是由100％的葡萄果汁所製作的水果酒，自古至今，都與人類保持良好的關係。在距今5、6千萬年前，美索布達米亞地方的人就已經喝這種酒了。通常，酒精度為10～12度。

種類繁多，可依紅色、白色、淡色等色澤來加以區分。依製法上的不同，也可以分成如下的四種類。

①普通葡萄酒──普通葡萄酒中的紅葡萄酒，是將每個果皮壓碎，發酵而成。果皮中所含的色素和單寧溶入酒中，而形成紅色，具有澀味。白葡萄酒的情況，則是去除皮與果肉，只讓果汁發酵，不會溶解多餘的單寧與色素，擁有纖細的味道以及清澄的顏色。淡色，則是兩者的中間製法，依去除果皮等的時期之不同，來調節色澤。

普通葡萄酒，依當成原料的葡萄之品質與釀造法的不同，價格有很大的差距。雞尾酒所使用的葡萄酒，選擇適中者即可。

②發泡葡萄酒——在葡萄發酵以前，與製造白葡萄酒的方法完全相同，但是在其後發酵中途所產生的二氧化碳，將其封閉於瓶中，因此，在拔除瓶塞之後，被封住的氣泡會冒出，成為發泡性的葡萄酒。發泡葡萄酒之王，即是產自法國的香檳酒。

③酒精強化葡萄酒——在發酵中途，添加白蘭地等烈酒，防止發酵。使酒味濃冽的葡萄酒，以西班牙所產的雪莉酒和葡萄牙所產的紅葡萄酒，最為有名。

雪莉分為甜性酒與辣性酒兩種，在製作雞尾酒時，如果沒有特別指定，通常是使用辣性酒。

④混合葡萄酒——葡萄酒中加入果汁或藥草等所形成的混合葡萄酒。以義大利所產的苦艾酒為代表，具有苦艾獨特的香

味，則具風味，經常做爲餐前雞尾酒來使用。

●啤酒

酒精度爲3～6度，在酒
中，算是最低。具有古老的歷
史，僅次於葡萄酒而已。主要
原料爲大麥，但是，最近，以
米或玉米爲輔助原料作成的葡
萄酒也問世了。依顏色的不
同，啤酒可分爲三種型態。

①淡色——生產量較多，
爲啤酒的主流派。大麥發芽
後，用熱風乾燥，形成黃褐
色，屬辣味啤酒。

②中間色——再加以乾燥時，用帶有顏色的麥芽，使顏色
變得更深，具有更濃冽的味道。

③濃色——加上近200度的高熱，幾乎形成焦黑狀的麥
芽，與淺麥芽混合製成的啤酒。因爲已形成焦糖狀，所以具有
甜味。以黑啤酒和烈啤酒爲代表。

此外，還有發酵後直接裝罐的生啤酒，或用高溫殺菌瓶裝
塡的啤酒。一般所指的啤酒，即指瓶裝啤酒。

●其他的釀造酒

用蘋果所製造的蘋果酒，用櫻桃所製造的櫻桃酒等皆是。
日本酒是釀造酒的傑作，但因風味獨特，因此，幾乎都是直接
飲用。

(2)蒸餾酒

到穀物或果汁發酵為止的過程，與釀造酒相同，但是，再加熱、蒸餾，提高酒精度而形成的酒，即為蒸餾酒。

像威士忌、白蘭地、杜松子酒、蘭姆酒，都是代表性的蒸餾酒。這些是經常用來當成雞尾酒的基酒種類。

像威士忌或白蘭地等味道濃冽的酒，必須花一番工夫加以處理；而像杜松子酒、伏特加等無色透明的酒，具有純樸的香氣，且無澀味，適合所有的喝酒人士飲用。是最適合當成雞尾酒的基酒來使用。

●威士忌

是頗受世人歡迎的酒之代表。最著名的是在英國北部的蘇格蘭所生產的蘇格蘭威士忌。在製造途中，燃燒泥碳，使麥芽乾燥，故具獨特的燻臭味。在威士忌的發祥地愛爾蘭所生產的，則是「愛爾蘭威士忌」，擁有濃冽的大麥香，不會因使用泥碳，而產生獨特的燻臭味，為其特徵。

美國威士忌的代表，則是波旁威士忌。以玉米為主要原料，經過發酵蒸餾後，再加以貯藏，使其熟成。因此，具有獨特的風味，為個性化的威士忌。此外，還有一種威士忌淡酒，現在於世界上頗受歡迎。

國產威士忌的製法，同於蘇格蘭威士忌，不過，與蘇格蘭威士忌相比，不具泥碳香及

大麥的強烈香氣，味道與口感較淡。

調雞尾酒所使用的威士忌，最好選擇價格適中、味道較淡的威士忌。但是，美國所生產的波旁雞尾酒，也能調出具有個性的威士忌雞尾酒。

●白蘭地

白蘭地指的是水果的蒸餾酒。當成原料的果實，發酵、蒸餾以後的酒，用橡木桶貯藏，使其成熟。通常我們所喝的白蘭地，是用葡萄製成的，也有以其他的水果為原料而製成的白蘭地，大都用白蘭地以外的名稱來稱呼。

另外，還有以李、杏、草莓、西洋梨等為原料而製成的蒸餾酒。有的為了避免沾上桶子的味道，而利用酒槽使其成熟，無色透明或淡色，具有清新的香味，為其特徵。如果是利用木桶使其成熟，則顏色較濃，味道濃冽。

在質‧量方面，同樣為白蘭地第一生產國的，即為法國。在法國國內，不論是生產地區或當成原料的葡萄品種、蒸餾法等，都受到嚴格的限制，只生產符合規格的產品。

白蘭地的貯藏年數，大約為3～5年以上，其中，也有長達20～30、50年之久，愈古老，愈具價值。不過，以50年～70年為巔峰時期。年代過於久遠，品質也會下降。

白蘭地的成熟度，以「V‧P」、「V‧S‧O‧P」、「X‧O」、「EXTRA」、「拿破崙」等加以表示。

當成雞尾酒基酒的白蘭

地，使用法國的白蘭地或國產白蘭地。如果是使用 V·S·O·P
以上的高級品，更能夠享受到純白蘭地的美味。

●杜松子酒

琴東尼或琴費司等慢飲酒，以及馬丁尼、萊姆伏特加等短
飲酒，有數十種高級的雞尾酒，都是以杜松子酒爲基酒而製成
的。無色透明、具有爽口風味的杜松子酒，可說是調製雞尾酒
時不可或缺的基酒。如果說大半的雞尾酒都是以杜松子酒爲基
酒，也絕非言過其實。

杜松子酒是大麥麥芽與玉蜀黍或黑麥發酵、蒸餾後，利用
杜松子製造香味。因此，杜松子酒被形容具有松脂香，原因即
在於此。昔人喜歡具有強烈杜松子香味的杜松子酒，不過，最
近的人卻喜歡味道清淡的杜松子酒。利用香菜、橘皮或檸檬

皮，或是其他的香草，能夠調
製出風味絕佳的杜松子酒。

杜松子酒包括稱爲松子酒
的辣性酒，以及添加水果香味
的橘子杜松子酒、檸檬杜松子
酒等混合杜松子酒。

調製雞尾酒時，主要是使
用松子酒。

●伏特加

伏特加是代表俄羅斯的酒，爲俄羅斯國民廣泛熟知的酒。
酒精度數強烈，爲40～50度，對於必須要度過漫長寒冬的俄羅
斯風土而言，是非常適合的酒。

最初，製造伏特加酒的主要材料是黑麥與蜂蜜；最近，則
以玉米或馬鈴薯等爲主要材料。製法是將主材料加入麥芽，進

行糖化發酵、蒸餾後，製成酒精度85度以上的烈酒，用水稀釋後，以白樺木碳過濾精製而成。藉由用木碳過濾，使得難溶於酒精的成分附著於活性碳，以去除異臭或不純的成分。其結果，會產生具有無色透明、無味無臭特徵的酒，亦即伏特加酒。

對任何人而言，都適合當成雞尾酒的基酒，是能夠增添風味的珍貴酒。

●蘭姆酒

洋酒多半是利用穀類與果實類發酵製造而成的，但是，蘭姆酒卻是以甘蔗為原料而製成的蒸餾酒。最初，是由甘蔗的寶庫，亦即西印度群島的當地人製造出來的。代表性的蘭姆酒產地，則是古巴、牙買加、墨西哥等地。

蘭姆酒因其味道與香氣的不同，分為風味較為清淡的淡蘭姆酒，以及芳香濃郁的濃蘭姆酒，還有介乎兩者之間的中等蘭姆酒等三種。

此外，依色澤的不同，又分為白蘭姆酒、金黃蘭姆酒、黑蘭姆酒等。調製雞尾酒時，最適合使用的是淡蘭姆酒中的白蘭姆酒。

●龍舌蘭酒

代表墨西哥的蒸餾酒，即為龍舌蘭酒。原材料為龍舌蘭這種常綠樹。

將龍舌蘭的樹液發酵製成的龍舌蘭酒，可說是墨西哥的國民酒。

除了墨西哥以外，在其他國家並未製造龍舌蘭酒。墨西哥人會一邊咬著塗抹鹽的檸檬，一邊直接喝龍舌蘭酒。不過，最近，當成雞尾酒的基酒，已經開始受人注意了。

(3)混合酒

將釀造酒或蒸餾酒加上果實、藥草、植物的根皮等來製造香味的酒，稱爲混合酒。多半是以蒸餾酒製造出來的，總稱爲利口酒。在古希臘時代，蒸餾水中加入具有香味的液體，乃是利口酒的起源。其後，在葡萄酒中溶入藥草，成爲藥酒。到了十八世紀以後，則使用花或果實類，製造出利口酒來。現在，已經製造出種類多不勝數的混合酒了。

利口酒能夠享有色、香、味三種樂趣，是調製雞尾酒時不可或缺的酒。

利口酒依其香味的不同，分爲如下三種系統。

①香草、藥草系統
②果實系統
③種子系統

重要的副材料

雞尾酒是以基酒爲主角，而酒以外的材料，全都是配角，配角能夠烘托主角，保持整體的美味，具有重要的作用。爲了享受更美味的雞尾酒，連酒以外的材料也不容忽視，要選用好的品質，適材適所來加以使用。以下就各種材料做詳細的說明。

冰

在1870年代，德國的卡爾林迪發明了人工冷凍機，能夠製造人造冰以後，雞尾酒才正式登場。

雞尾酒與冰有密不可分的關係，大部分的雞尾酒都是與冰一起搖動，或攪拌，或倒入加入冰的酒杯中來喝，所以，冰是調製雞尾酒時必要的材料。喝起來溫熱的雞尾酒，就不具雞尾酒之名了。

雞尾酒所使用的冰，爲了避免在飲用時化爲水，使酒變得淡而無味，因此，要使用硬冰。選用中間沒有氣泡的硬冰。配合各種用途，準備好大小、形狀適當的冰。

若未特別指定，大都是使用3cm正方形的冰。

依形狀的不同，冰有如下的種類。

☆大塊冰──指較大的冰塊。3.75kg大的冰，可以分割成三、四個，放入冰桶中。

☆小塊冰──4cm或5cm大的冰。大小與破冰相同。

☆破冰──用冰鑽鑿碎的冰。大小正好可以放入調酒杯或調酒器中使用。

方塊冰　　　　　　　破冰

小塊冰　　　　　　　大塊冰

碎冰　　　　　　　　刀削冰

冰的種類

☆**方塊冰**──市售的冰塊，或是家庭用製冰盒所製成的立體型冰塊。

☆**碎冰**──用碎冰器壓碎的細冰。如果沒有碎冰器，可用乾淨的布包住冰，將其敲碎後使用。可先把冰放入酒杯中，然後再倒入酒。

☆**刀削冰**──用削冰器削出的冰，較碎冰更碎，用以作冰鎮利口酒。

水

自然水具有臭味，依地區的不同，有些水的味道極差。最

理想的方法，是使用礦泉水，藉此能調出美味的酒來。

　　礦泉水較一般的水含有更多的礦物質成分。根據規定，總硬度爲100mg（ℓ）以上，而鈣、鎂、鈉、鉀、離子總量爲40mg（ℓ）以上者，即爲礦泉水，水具甘甜味。

碳酸飲料

　　在雞尾酒的材料中，占有重要的地位。大致分爲有味道與無味道的兩種。

　　☆蘇打——爲最具代表的碳酸飲料，沒有味道，是含有礦物質成分的水加入二氧化碳而製成的，亦稱爲蘇打水。發泡狀況良好，泡沫較細者，喝起來較爲美味，可以品嚐一番來加以選擇。通常是冰過之後再使用，但如果突然置於冰上，使其冷卻，則瓶子可能會破裂，宜注意。

　　有味道的碳酸飲料，包括如下數種。

　　☆薑汁蘇汁——在蘇打水中加入薑汁與甜味，與蘇打水的用法相同。

　　☆東尼水——好像辣味西打似的碳酸飲料。在蘇打水中加入檸檬或萊姆的果皮，以及甜味，味道略苦，具有爽口感，無色透明。

　　☆西打——原來是指加入奎寧的蘋果酒，在我國，是指不含酒精成分的蘋果酒。

　　☆可樂——成長於美國的碳酸飲料，戰後受世人熱烈的喜愛。加入古柯的萃取劑，以及月桂、檸檬和甜味製造而成的飲料，深受年輕人的喜愛。

☆路德皮耶——指不含酒精成分，帶有啤酒味的碳酸飲料。

果汁

嚴格地說，果汁應是指去除固體物所擠出的100％天然果汁，是雞尾酒的果汁。調配處方中所寫的果汁，指的即100％的天然果汁。不過，有些人喝起來覺得很酸，故可隨機應變，使用50％的果汁，或是加入甜味。

調製雞尾酒時經常使用的果汁，包括橘子、檸檬、鳳梨、萊姆、葡萄柚、蘋果、番茄、雞蛋果等水果的果汁。

糖漿

當成雞尾酒的甘味劑使用。

☆原味糖漿——將白糖或砂糖用熱開水溶解，煮沸冷卻後，放入瓶中保存，亦稱膠糖蜜。不過，嚴格說來，市售的膠糖蜜，添加了阿拉伯膠粉末。這是因爲長時間擱置原味糖漿以後，砂糖會成爲結晶，沈澱於底部。而阿拉伯膠能防止這種現象的發生。

☆石榴糖漿——精製糖漿加入石榴萃取劑製成的。具有水果香與美麗的紅色，是作雞尾酒時，不可或缺的糖漿。

☆草莓糖漿——糖蜜中加入荷蘭草莓的風味製造而成的。

☆木莓糖漿——帶有木莓香味的糖漿。

☆杏仁糖漿——帶有杏仁香味的糖漿。

☆楓樹糖漿——以加拿大爲主產地的楓樹樹液所煮成的糖漿。製作烤餅時，經常使用這種糖漿。

牛奶、乳製品

市售的牛奶、鮮奶油、煉乳等，要選擇鮮度良好的製品。鮮奶油包括含脂肪成分較多的製果用的濃奶油，以及脂肪成分較少的淡奶油。雞尾酒所使用的是淡奶油。

煉乳，是將牛奶蒸餾、濃縮成為原來的三分之一，亦稱為無糖煉乳。無法保存，要儘早用完。

苦汁

在雞尾酒的處方中，被當成藥味、香味來使用，是含有較強苦味的飲料。具有促進食欲、健胃強壯的效果。要倒出瓶中的苦汁時，要搖動瓶子後再使用。

分為樹皮苦汁與柑橘苦汁兩種。經常使用，但是不會單獨使用。

用拇指與食指握住瓶頸的部分，其他的手指支撐瓶子。為了避免倒入過量，需先搖動一下再使用。

滴入苦汁的方法

蛋

雞尾酒所使用的蛋，是指雞蛋而言，較小者較好。有時只使用蛋黃，有時只使用蛋白，有時則使用全蛋，分為這三種使用方式。

不要直接放入調酒器或調酒杯中，要先將蛋打入其他的器皿中，確認鮮度後再使用。

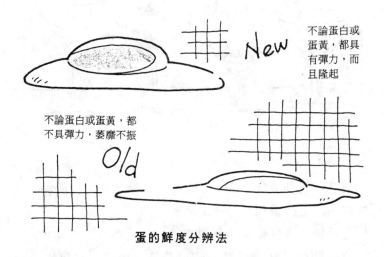

不論蛋白或蛋黃，都具有彈力，而且隆起

不論蛋白或蛋黃，都不具彈力，萎靡不振

蛋的鮮度分辨法

香料

香料是能夠引出雞尾酒的香味之物質。

☆肉荳蔻──是作肉類料理時，經常使用的物質。能夠產生甘甜的刺激香。有的是整個使用，有的則是使用小碎片，而有的則使用肉荳蔻粉。調製雞尾酒時，最好將整個肉荳蔻用擦板擦碎後再使用。以蛋、牛奶、奶油等含有動物性質脂肪的材料作成的雞尾酒，經常使用肉荳蔻。

☆丁香──具有甘甜的香味，丁字花的花蕊乾燥後所製成的香料。如果不熱的話，就不香，所以使用於熱雞尾酒。

☆肉桂──包括直接削去肉桂皮的棒狀肉桂，以及研製成粉末的肉桂粉兩種，具有爽口的苦味與香氣，經常使用於熱飲

好辣

中。

　☆*指天椒*——具有辣味的紅色液狀香料，即使只用1滴，也具有強烈的刺激性，不可使用過量。使用番茄汁的雞尾酒，經常會利用這種香料。

　☆*薄荷*——具有香味及清涼感，受人喜愛。

　以綠薄荷、胡椒薄荷、涼薄荷為代表。一般是採用萃取劑，不過，也會用新鮮的葉子或嫩枝裝飾於杯中。或是將薄荷葉碾碎，取汁使用。如果家庭菜園中種有薄荷樹，則隨時都可以使用新鮮的薄荷，十分方便。

砂糖

　雞尾酒所使用的砂糖，包括方糖、白糖、糖粉等，在調配處方中寫著砂糖，則是指普通的糖粉，因為它最易溶解。最近，使用膠糖蜜的情形，也頗為普遍了。

雞尾酒的裝飾品

雞尾酒是十分講求氣氛的酒，所以，也要注意裝飾品，因為裝飾品能夠改變氣氛。不論是水果的切法，或是裝飾在杯子周圍或杯中的技術，都要充分地掌握。裝飾水果時，要選擇與杯中酒內容同系統的水果。

☆檸檬──將檸檬或橘子等切成薄片或半月形裝飾。將切口掛於杯緣，或放入酒中。

此外，也有將檸檬皮切成螺旋狀，放入杯中的作法，或是將萊姆切成兩半，放入酒中一起飲用。

☆鳳梨──鳳梨縱切呈長棒狀，代替棒子來使用，或是切丁，放入酒中。

☆櫻桃──櫻桃是頗受歡迎的雞尾酒裝飾品。基本上，是甜性雞尾酒所使用。通常不使用生的，而使用去子、染色、浸泡過砂糖的櫻桃。有紅櫻桃與綠櫻桃兩種，可配合雞尾酒的顏色來加以選擇。酒味櫻桃是黑櫻桃甜酒這種利口酒用來裝飾的紅色櫻桃；薄荷櫻桃則是配合胡椒薄荷，或是柑香酒的綠色櫻桃。

櫻桃可以直接用酒籤或牙籤插住，沈入杯底，或夾在邊緣加以裝飾。

☆洋蔥──雞尾酒所使用的是，稱為珠蔥的小型洋蔥，與花火蔥類似，用鹽與醋浸泡而成。一般來說，使用於辣性雞尾酒。

☆橄欖──使用以鹽加醋浸泡的市售瓶裝橄欖。適用於辣性雞尾酒。裝飾的方法同於櫻桃。

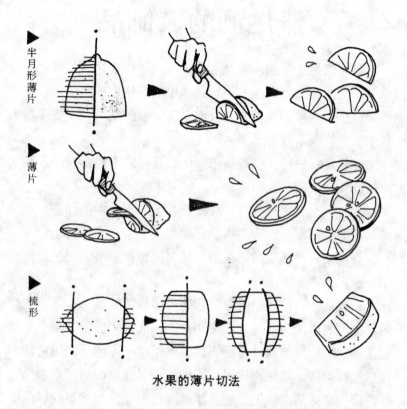

水果的薄片切法

☆小黃瓜、芹菜──切成棒狀，代替攪拌棒來使用，能夠增添香氣。較爲特殊的是，龍舌蘭酒所使用的小黃瓜皮。

雞尾酒的裝飾品，能夠發揮香味與色彩的重要作用。不過，最重要的，還是杯中的酒。所以，絕對不要存在過剩的裝飾品。

此外，依雞尾酒的不同，有的裝飾品與酒本身的內容相同，有的卻不一樣。在裝飾品上，下一番創意工夫，的確能夠展現各種不同的美感。但是，一定要掌握原則。

櫻桃

橄欖或櫻桃

櫻桃

檸檬薄片

檸檬皮

檸檬、萊姆或橘子

砂糖

檸檬、萊姆
或橘子

檸檬薄片

櫻桃

鳳梨薄片

檸檬薄片

各種裝飾品

調配處方的閱讀法

■材料是以 mℓ 來表示，用量杯加以測量。

■以分數來表示者，倒入酒杯中時的量，以1來表示。例如1/2，指的即是整體的一半。一般所使用的雞尾酒杯的容量為90mℓ，倒入的適量為70mℓ。以溶解的冰塊量大約10mℓ 來加以計算的話，90mℓ 的酒杯，必要材料為60mℓ。依此類推，1/2為30mℓ，1/3的容量為20mℓ。

■要搖動時，在調酒器中約放8分滿的冰塊。若要以攪拌的方式來調酒，則從調酒杯中去除少許的冰塊，放入材料。

■tsp 是指茶匙，在調酒處方中，當成材料分量的表示單位來使用。

■〈材料‧器具〉中的記號，●是材料、★是裝飾品、※是所使用的道具。

■尾酒名稱上所附帶的☆，表示難易度。☆……簡單，☆☆……稍難，☆☆☆……能夠調製出來，就表示成功了。

Selection 1
餐前雞尾酒

增進食欲
⊙

展現大都會憂愁的雞尾酒

曼哈頓（Manhttan）

甜	微甜	中間	微辣	辣

搖動	攪拌	直接倒入

材料・器具

- 威士忌 ……………… 2/3
- 甜苦艾酒 …………… 1/3
- 芳香苦汁 …………… 1滴

★紅櫻桃・檸檬皮

※雞尾酒杯、調酒杯、濾器、調酒匙

堪稱威士忌基酒的傑作，是深受世人喜愛的雞尾酒。傳說是出於美國的已故邱吉爾首相的母親，在紐約的夜總會曼哈頓所製造出來的。也有一說是馬里蘭州的酒保，為了使受傷的持槍歹徒清醒而製成的。

①在放入冰的調酒杯中，滴入1滴芳香苦汁。

②在①中放入威士忌、甜苦艾酒。

以1、2的順序倒入

芳香苦汁

冰

威士忌　甜苦艾酒

③用調酒匙輕輕地攪拌。

④濾器置在調酒杯上，將
　酒倒入酒杯中。

濾器

⑤用酒籤插上紅櫻
　桃，放入杯中。

紅櫻桃

酒籤

　　最近，使用不
同的苦艾酒代替甜
苦艾酒調製成較辣
的曼哈頓，頗受人
喜愛。另外，威士
忌與苦艾酒的比例
為4：1～5：1，也
可以調製成辣性雞
尾酒。

如拇指般大
的檸檬皮

⑥檸檬皮
　削成薄片。

1滴苦艾汁引出美味

皮卡迪利 (Piccadilly)

甜	微甜	中間	微辣	辣

搖動	攪拌	直接倒入

好像皮卡迪利廣場的愛神厄洛斯像一般，是讓人留下深刻印象的雞尾酒。1滴苦艾汁，能夠引出美味，而深紅色的石榴，能令人連想到繁華街道的燦爛霓虹燈。

材料・器具

- 杜松子酒 …………… 2/3
- 苦艾酒 …………… 1/3
- 苦艾汁 …………… 1滴
- 石榴糖漿 …………… 1滴

※雞尾酒杯、調酒杯、濾器

①在加入冰的調酒杯中，放入材料，輕輕攪拌。

②濾器蓋在調酒杯上，將酒倒入雞尾酒杯中。

杜松子酒　苦艾酒　石榴糖漿　苦艾汁　濾器

象徵快樂城市的雞尾酒

芝加哥 （Chicago）

甜	微甜	中間	微辣	辣

搖動	攪拌	直接倒入

予人美國第二大都市芝加哥的印象，是具有城市感的雞尾酒。趁發泡葡萄酒的氣泡尚未消失以前，奢侈地品嚐一下吧！

材料・器具

- 白蘭地 ……………… 45mℓ
- 橙皮酒 ……………… 2滴
- 芳香苦汁 …………… 1滴
- 發泡葡萄酒 ………… 適量

✽香檳酒杯、調酒器

①除了發泡葡萄酒以外，其他的材料先搖動後，倒入用砂糖作成雪泥的香檳酒杯中。

白蘭地　　橙皮酒　　芳香苦汁

②將冰涼的發泡葡萄酒倒滿杯中，輕輕攪拌一下。

雪泥酒杯

發泡葡萄酒

輕鬆活潑的餐前酒

美國人 (Americano)

甜	微甜	中間	微辣	辣

搖動	攪拌	直接倒入

是由金巴利的微苦味及蘇打的爽口感混合而成的開胃酒。

材料・器具

- 甜苦艾酒 ………… 30mℓ
- 金巴利 …………… 30mℓ
- 蘇打 ……………… 適量

★檸檬或橘子薄片

❊無腳酒杯

①在放入2～3個冰塊的無腳酒杯中，倒入金巴利和苦艾酒。

②加滿蘇打水，輕輕攪拌。

③配合個人喜好，用檸檬或橘子薄片裝飾。

酸性雞尾酒的古典傑作

酸威士忌 (Whisky Sour)

甜	微甜	中間	微辣	辣

搖動	攪拌	直接倒入

材料‧器具

- 威士忌 …………… 45mℓ
- 檸檬汁 …………… 30mℓ
- 糖漿 ………………… 1tsp

★檸檬薄片、櫻桃

❋酸味酒杯、調酒器

具有濃冽的威士忌風味，但有混合檸檬汁的酸味，是能夠產生爽口感的雞尾酒。如果使用杜松子酒，則成為酸杜松子酒。如果是使用白蘭地，則成為酸白蘭地。

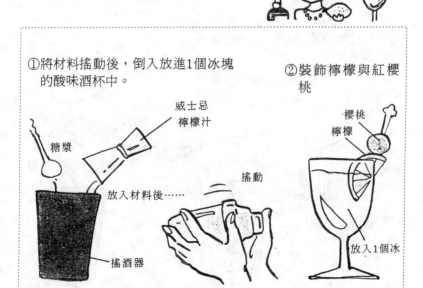

①將材料搖動後，倒入放進1個冰塊的酸味酒杯中。

②裝飾檸檬與紅櫻桃

糖漿

威士忌
檸檬汁

放入材料後……

搖酒器

搖動

櫻桃
檸檬

放入1個冰

曾被稱為淑女殺手
螺絲起子 (Screw Driver)

甜	微甜	中間	微辣	辣

搖動	攪拌	直接倒入

喝起來的口感與橘子汁類似，往往因為過量飲用而醉酒，曾被稱為淑女殺手。

材料・器具
- 伏特加 ……………… 45mℓ
- 橘子汁 ……………… 適量

※無腳酒杯

①將伏特加酒倒入放入2～3個冰塊的無腳酒杯中。

②加滿伏特加的2～3倍量的橘子汁。

伏特加酒

2～3個冰塊

橘子汁

③輕輕攪拌2～3個回合

文藝復興時代的畫家們所喜愛的飲料
貝里尼雞尾酒 (Bellini Coctail)

甜	微甜	中間	微辣	辣

搖動	攪拌	直接倒入

發泡葡萄酒的爽口
以及仙桃酒的甘露完美
調合而成的雞尾酒。

材料・器具
- 發泡葡萄酒 ………… 2/3
- 仙桃酒 ……………… 1/3
- 石榴糖漿 …………… 1滴

※香檳酒杯

①在冰過的香檳酒杯中倒入冰
涼的仙桃酒及糖漿，然後攪
拌。

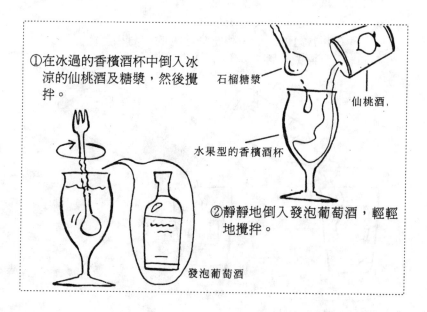

石榴糖漿

仙桃酒

水果型的香檳酒杯

②靜靜地倒入發泡葡萄酒，輕輕
地攪拌。

發泡葡萄酒

享受過喉感的淡味酒
仙蒂鈎 (Shandy Gaff)

甜	微甜	中間	微辣	辣

搖動	攪拌	直接倒入

為英國自古以來就飲用的雞尾酒。重點是不論啤酒或薑汁啤酒，都必須要使用十分冰涼的酒。

材料・器具

- 啤酒 ……………… 1/2
- 薑汁啤酒 ………… 1/2

※無腳酒杯

①以1：1的比例，將充分冰過的啤酒和薑汁啤酒倒入無腳酒杯或高腳杯中混合。

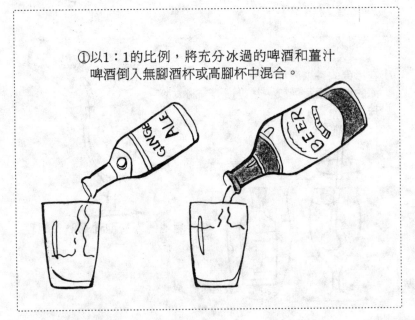

口感清爽的健康雞尾酒

蹦裂 (Spritzer)

甜	微甜	中間	微辣	辣

搖動	攪拌	直接倒入

誕生於奧地利沙爾士堡的雞尾酒，能夠展現跳躍的蹦裂感。

材料・器具

- 白葡萄酒 …………… 3/5
- 蘇打 ………………… 2/5

★萊姆

※高腳杯

①在冰過的高腳杯中，放入2～3個冰塊，從上倒入白葡萄酒。

②加滿冰涼的蘇打水，以萊姆片裝飾。

冰涼的白葡萄酒

2～3個冰塊

加滿冰涼的蘇打水

萊姆

瀰漫加勒比海香的雞尾酒

黛克蕾 (Daiquiri)

甜	微甜	中間	微辣	辣

搖動	攪拌	直接倒入

黛克雷是古巴某個礦山的名字，在19～20世紀時，於此礦山工作的男子們，為了逃避暑熱而飲用這種飲料。

材料・器具

- 白蘭姆酒 ………… 3/4
- 萊姆汁 …………… 1/4
- 糖漿 ……………… 1tsp

※雞尾酒杯、調酒器

①依序將材料放入調酒器中。
②冰加入調酒器中，然後搖動。
③倒入雞尾酒杯中。

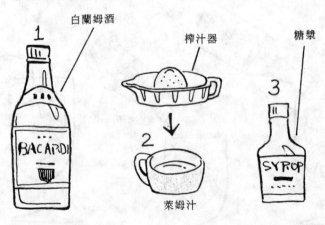

白蘭姆酒　　榨汁器　　糖漿

萊姆汁

防止宿醉的方法

●不要空腹喝酒

　　一旦空腹喝酒，酒精會完全被胃腸吸收。不僅會很快醉酒，且有損健康。喝酒前，一定要吃一些食物，或喝點牛奶。此外，在喝酒之際，也要攝取蛋白質、糖類等食物。

●飲酒不宜過量

　　雖然有個人差，但是，微醺的狀態，是指血中酒精濃度為0.05～0.15％。以日本清酒為例，是1～2壺，啤酒為1～3瓶，威士忌為2～7杯。

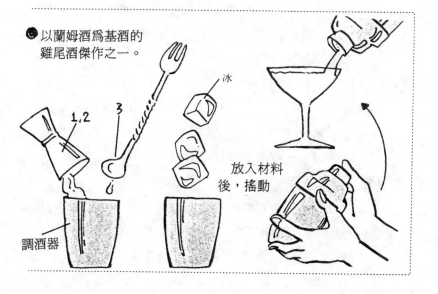

●以蘭姆酒為基酒的雞尾酒傑作之一。

冰

1.2
3

調酒器

放入材料後，搖動

開一個雞尾酒會吧①

陳列各種雞尾酒的酒會⋯⋯，不過，各位也不會將其想得太誇張，只不過是聚集大夥兒熱鬧一下罷了。

●首先訂定計畫

人數、場所、時間，要事先加以考慮，並且要思索宴會的型態，是一邊喝酒，一邊在那兒熱鬧聊天的雞尾酒會呢？還是坐在草地上享受陽光，擁有綠意盎然的酒會呢？抑或是要大聲唱歌、跳舞，紓解一下壓力的酒會呢？都要事先考慮的。

●應該準備的酒的分量

可依參加者的酒量來估計，大致上以1人喝3～4杯為標準來計算即可。如果出現酒豪，可為他準備1瓶。不過，有些人雖然是參加雞尾酒會，仍然認為首先要喝杯啤酒⋯⋯，故一定要事先準備好啤酒。

●多準備一些冰等的副材料

溫熱的雞尾酒難以入口，故要準備大量的冰。另外，蘇打水、可樂、薑汁啤酒等，也要多準備一些。不勝酒力的人，可於途中改喝一些無酒精性的飲料。

●有技巧地結束宴會

宴會的舉行，只要花費2～3小時即已足夠了。如果眾人開始覺得無聊，或注意時間時，或是有人擔心會喝醉酒，這時，就得趕緊準備「散會吧」。

產生輕鬆感的雞尾酒
金巴利蘇打 (Campari Soda)

甜	微甜	中間	微辣	辣

搖動	攪拌	直接倒入

材料・器具

- 金巴利 …………… 45mℓ
- 蘇打水 ……………… 適量
- 檸檬或橘子（薄片）1片

※無腳酒杯

　堪稱義大利代表的利口酒金巴利，是用蘇打水調製而成的雞尾酒，也是深受世人喜愛的餐前酒之傑作。

①在放入2～3個冰塊的酒杯中，倒入金巴利，再加滿蘇打水，輕輕地攪拌。
②用檸檬或橘子裝飾。

金巴利

加滿蘇打水

檸檬或橘子

第1次世界大戰中製成的逸品

側車 （ Sidecar ）

甜	微甜	中間	微辣	辣

搖動	攪拌	直接倒入

材料・器具

- 白蘭地 …………… 1/2
- 白柑香酒 …………… 1/4
- 檸檬汁 …………… 1/4

※雞尾酒杯、調酒器

第1次世界大戰時，誕生於巴黎的古典雞尾酒。檸檬與柏香酒的酸甜風味，與白蘭地的香味巧妙地調和，成爲爽口的雞尾酒。

①將材料搖動後，倒入雞尾酒杯中。

白蘭地

白柑香酒

檸檬汁

依1、2、3的順序放入

調酒器

重　點

喜歡辣性酒的人

白蘭地	……………	2/3
白柑香酒	……………	1/6
檸檬汁	……………	1/6

最好使用現榨的檸檬汁較爲新鮮，瓶裝者亦可。

這是以搖動法作出的基本雞尾酒。

表現苦艾酒風味的雞尾酒
苦艾柑香酒 (Vermouth Curacao)

甜	微甜	中間	微辣	辣

搖動	攪拌	直接倒入

材料·器具	• 無糖苦艾酒 ……… 45mℓ
	• 柑香酒 …………… 15mℓ
	• 蘇打水 …………… 適量

❋無腳酒杯

在歐洲，自古以來，即爲相當大眾化的雞尾酒。柑香酒能夠引出苦艾酒的風味。

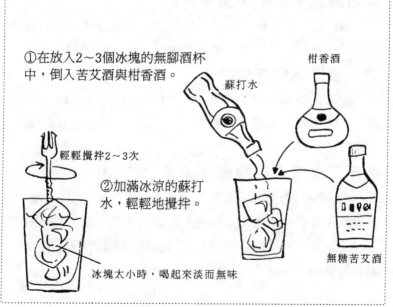

①在放入2～3個冰塊的無腳酒杯中，倒入苦艾酒與柑香酒。

蘇打水

柑香酒

輕輕攪拌2～3次

②加滿冰涼的蘇打水，輕輕地攪拌。

無糖苦艾酒

冰塊太小時，喝起來淡而無味

開一個雞尾酒會吧②

召開雞尾酒會的主人，需要注意如下的事項。

●不可喝醉

邀請他人參加酒會的人，最要不得的，就是別人未醉我先醉，這是不可原諒之事。這種人不具主辦酒會的資格。如果喝醉酒就會睡覺的人，則要在酒會中節制飲酒。

●笑臉迎人，笑臉相送

笑臉是最好的禮物，如果擺臭臉迎接客人，恐怕這會是一個失敗的酒會了。

●若無其事地暗示廁所地點

對於初次造訪的人而言，從玄關引導對方進入屋內時，可以若無其事地說明廁所地點，不可忽略這種體貼之心。

●先收拾危險之物

對客人而言，宴會場所並不是自己的家，有時，喝了酒，可能會步履蹣跚、搖晃不定。因此，要事先移開容易碰撞的危險物品。

●不要讓客人喝得爛醉如泥

以愉快的心情送走客人，是主人的工作。如果一直請對方喝酒，可能會使對方喝得酩酊大醉。事後，雙方的感覺都不好。如果能夠稍微開始做些收拾膳後的小動作，相信客人也會察覺到。

合適的三種下酒菜

炸香腸

材料 4人份	吐司麵包(1公分厚)8片　芹菜屑少許 維也納香腸8條　沙拉油適量 辣油少許　辣椒粉少許

〈作法〉

①切除吐司麵包的邊,以便於捲起
　香腸。如果太硬,則要略微蒸
　過。

②塗上辣油,將維也納香腸放入麵
　包中捲起,以4根牙籤固定。

③用乾淨的沙拉油,將②炸成金黃
　色。

④炸好的香腸,從牙籤與牙籤之間
　切斷,盛盤,撒上芹菜屑與辣椒
　粉裝飾。

椰果

　椰果含有豐富的
纖維質,吃起來具有
爽脆的口感。經常準
備,以招待客人,十
分方便。

　亦可做爲生菜沙
拉的材料來使用,適
合當成餐前開胃菜。

芹菜屑與辣椒粉

吐司麵包捲維也納香腸

新鮮沙拉

材料 4人份	番茄、小黃瓜各150g 芹菜100g 紅蘿蔔8條	調味料	沙拉油適量 鹽、醋適量 胡椒適量

〈作法〉

①番茄洗淨、去蒂，切成梳形。
小黃瓜削皮，切成長條狀。

②用水洗淨芹菜，去除筋，切成
長條狀。胡蘿蔔切成花形。

③番茄、小黃瓜、芹菜、胡蘿蔔
放入器皿中，調味料擱置一
旁，食用時，依個人喜好來調
味。

番茄　　萵苣　　芹菜　胡蘿蔔　小黃瓜

醋漬墨魚

材料	4人份		
墨魚2條	胡蘿蔔2cm	洋葱1/2個	
檸檬1/2個	生菜1/2棵	沙拉油8大匙	
辣椒醬1小匙	鹽、胡椒、醋		

沙拉菜　胡蘿蔔切花　檸檬　墨魚　洋葱

①墨魚去皮，表面斜切為5mm的寬
度，切成4～5cm長方形。

②胡蘿蔔切成薄圓片，再依個人喜
好切出形狀來。洋葱與檸檬切成
薄片。

③1小匙半強的鹽、少許胡椒、4大匙醋，配合辣椒醬、沙拉油
作成調味汁。

④用沸水燙①的墨魚，迅速撈起，瀝乾水分。

⑤用③的調味汁調拌④的墨魚、②的胡蘿蔔、洋葱、檸檬。

⑥盤中舖上生菜沙拉，將⑤盛盤。

※如果用魚代替墨魚的話，則用鹽來抹魚。

Selection 2
餐後雞尾酒

舒服的消化劑

⊙

具有伏加薄荷味的甜性酒
綠色蚱蜢 (Grass Hopper)

甜	微甜	中間	微辣	辣

搖動	攪拌	直接倒入

伏加薄荷與鮮奶油搭配而成的美麗雞尾酒，是可以取代甜點的甜性雞尾酒。

材料・器具

綠胡椒薄荷 ·············· 1/3
白可可 ·················· 1/3
•鮮奶油 ················· 1/3

※雞尾酒杯、調酒器

①材料依序放入調酒器中。

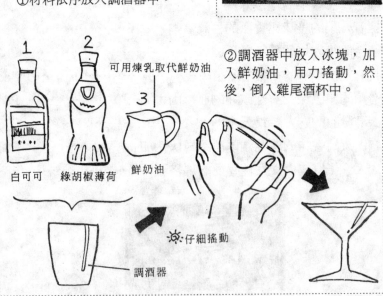

可用煉乳取代鮮奶油

白可可　綠胡椒薄荷　鮮奶油

☀仔細搖動

調酒器

②調酒器中放入冰塊，加入鮮奶油，用力搖動，然後，倒入雞尾酒杯中。

飄散鳳梨的美味與香氣

百萬富翁 (Million Dollar)

甜	微甜	中間	微辣	辣

搖動	攪拌	直接倒入

材料・器具

- 杜松子酒 ………… 45ml
- 甜苦艾酒 ………… 15ml
- 鳳梨汁 ………… 15ml
- 石榴糖漿 ………… 1tsp
- 蛋白 ………… 1個份
- ★鳳梨

※香檳酒杯、調酒器

這種雞尾酒，本來是使用香檳的豪華雞尾酒。用杜松子酒取代香檳，目前已經成為世界通用的雞尾酒了。

①材料充分搖動，注入香檳酒杯中。由於加入蛋白，因此要充分搖動。

②以鳳梨片裝飾

鳳梨

石榴糖漿

蛋白

調酒器

杜松子酒　甜苦艾酒　鳳梨汁

適度的甜味適合飯後飲用
餐後雞尾酒（After Dinner）

甜	微甜	中間	微辣	辣

搖動	攪拌	直接倒入

餐後雞尾酒具有適度的甜味與香氣，適合飯後飲用。

材料・器具
- 杏白蘭地 ………… 2/5
- 柑香酒 …………… 2/5
- 檸檬汁 …………… 1/5

※雞尾酒杯、調酒器

①搖動材料，倒入雞尾酒杯中。

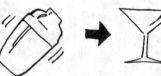

調酒器

杏白蘭地

柑香酒

檸檬汁

重　點
　杏白蘭地與柑香酒的甘甜風味，再混合檸檬的爽口感，能製造出口感絕佳的雞尾酒來。亦可用萊姆取代檸檬。

加勒比海農莊主人的純樸風味

拓荒者 (Planter's)

甜	微甜	中間	微辣	辣

搖動	攪拌	直接倒入

材料‧器具

- 白蘭姆酒 ……………… 1/2
- 橘子汁 ……………… 1/2
- 檸檬汁 ……………… 1tsp

器

※雞尾酒杯、調酒器

在加勒比海開墾農莊的農莊主人，稱爲拓荒者。以拓荒者爲主題而製造出來的雞尾酒。

①將材料依序放入調酒器中，放入冰，充分搖動，倒入雞尾酒杯中。

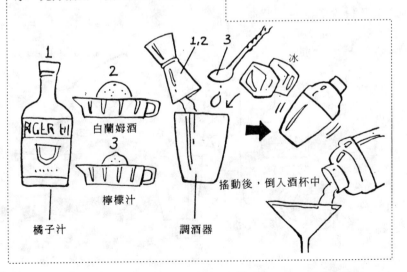

白蘭姆酒

檸檬汁

橘子汁

調酒器

冰

搖動後，倒入酒杯中

獻給英國王妃的雞尾酒
亞歷山大 (Alexander)

甜	微甜	中間	微辣	辣

搖動		攪拌	直接倒入

材料・器具

• 白蘭地 ……………… 1/2
• 可可奶 ……………… 1/4
• 鮮奶油 ……………… 1/4

❀雞尾酒杯、調酒器

芳香的白蘭地與可可及鮮奶油混合而成滑潤口感的飲料。由於具有舒暢的過喉感，因此是非常適合女性飲用的雞尾酒。

①材料依序放入調酒器中，加入冰。

②用力搖動，倒入雞尾酒杯中。

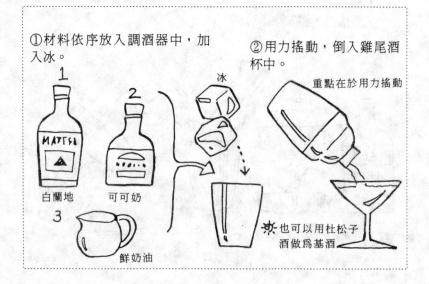

1 白蘭地
2 可可奶
3 鮮奶油

冰

重點在於用力搖動

❀也可以用杜松子酒做為基酒

快樂氣氛有如置身於天堂一般

七重天 (Seventh Heaven)

甜	微甜	中間	微辣	辣

搖動	攪拌	直接倒入

在神秘的青色中，有綠櫻桃及微甜的黑櫻桃甜酒……。感覺彷律悠遊於天堂似的，快樂無比。

材料・器具

- 松子酒 …………………… 3/6
- 黑櫻桃甜酒 …………… 2/6
- 葡萄柚汁 ……………… 1/6

★綠櫻桃

※雞尾酒杯、調酒器

①搖動材料後，倒入雞尾酒杯中。　　②用綠櫻桃裝飾。

杜松子酒 (GIN)

　　杜松子酒又名「琴酒」，原本有「快速」之意，例如見面後不久即結婚的閃電結婚，英文稱為「GIN MARRINGE」

杜松子酒　黑櫻桃甜酒

葡萄柚汁

搖動

綠櫻桃

名偵探飛利普馬洛也喜愛的酒
萊姆伏特加 (Gimlet)

甜	微甜	中間	微辣	辣

搖動	攪拌	直接倒入

材料・器具

- 杜松子酒 ……………… 5/8
- 萊姆汁 ………………… 2/8
- 糖漿 …………………… 1/8

※香檳酒杯、調酒器

在名偵探飛利普馬洛的小說中一舉成名的雞尾酒。

①材料依序放入調酒器中。

最好榨新鮮的萊姆汁來使用，若沒有，則要使用不具甜味的萊姆汁

1 杜松子酒

糖漿

3 萊姆汁

1,2

3

• 萊姆伏特加與琴萊姆

深受衆人喜愛的琴萊姆，與這個萊姆伏特加有異曲同工之妙。以前，不要說新鮮的萊姆，連不具甜味的萊姆汁都得之不易，因此，使用萊姆糖漿調配出來的，就是琴萊姆雞尾酒。

②將冰放入調酒器中搖動。

③倒入放入1個冰塊的香檳酒杯中。

冰

搖動

只放1個冰塊

思念難忘的戀人
瑪格麗特 (Margarita)

甜	微甜	中間	微辣	辣

搖動	攪拌	直接倒入

材料・器具

- 龍舌蘭酒 …………… 1/2
- 白柑香酒 …………… 1/4
- 檸檬（或萊姆汁） 1/4
- 鹽 ………………… 適量

※雞尾酒杯、調酒器、比酒
杯的口徑更大的小盤

為了思念死去的戀人瑪格麗特而調製出來的雞尾酒。檸檬的酸味，更能引出龍舌蘭酒的爽口風味。是深受女性喜愛的雞尾酒。

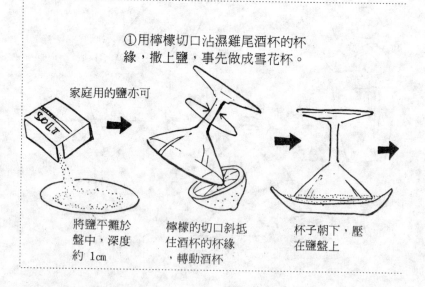

①用檸檬切口沾濕雞尾酒杯的杯緣，撒上鹽，事先做成雪花杯。

家庭用的鹽亦可

將鹽平攤於盤中，深度約 1cm

檸檬的切口斜抵住酒杯的杯緣，轉動酒杯

杯子朝下，壓在鹽盤上

②在調酒器中放入3種材
料，放入冰塊，搖動。

1 龍舌蘭酒
TEQULA

2 白柑香酒
CURAO

萊姆汁
檸檬汁
3

依序放入

調酒器

冰

③倒入①的杯中。

搖動

重點在雞尾
酒與鹽之間
，需要有一
些間隔

去除多餘的鹽

瑪格麗特

　　瑪格麗特是洛杉磯
的巴廷達丁·迪雷沙所調
製出來的雞尾酒。名稱
乃是他昔日戀人的名
字。據說，兩人一起外
出打獵時，她身中流彈
而死。

酒精成分的度數表示

　　酒的酒精成分，指100mℓ中所含的乙醇之分量。在我國，度數是以百分比來表示。例如酒精成分30度，30％指的就是含有30mℓ的乙醇。

　　在美國，是使用 proof 這個單位。酒精成分100％，稱為200 proof。換算成我國的度數時，要除以2。因此，如果是80proof，指的就是40度。

　　英國也使用 proof，但是不同於美國的 proof，稱為不列顛 proof，酒精成分100％者，稱為175proof。所以，53 proof，大約為30度。不過，在英國是以100proof（約57.14度）為基準，而有 over proof、under proof 之說法。例如，如果是150proof，則是 over 50 proof；如果是53 proof，則是 under 47 proof。

　　除了英、美以外，其他國家都和我國一樣，以度數來表示。

合適的三種下酒菜

炸銀杏

材料 4人份	銀杏12個	太白粉適量
	蛋麵1/6糰	炸油適量
	蛋黃1/2個	鹽

〈作法〉

①銀杏去子，在沸水中放入少許鹽，再放入銀杏煮。這時，好像摩擦鍋子似的，能夠完全去除薄皮。煮好後，立即浸泡冷水，撈起，保持鮮艷的色澤。

②蛋麵折成1cm長度。

③將①的銀杏依序沾太白粉、蛋黃，撒上蛋麵。

④炸油加熱到165度C，放入③的銀杏，炸成金黃色。

⑤盛盤，趁熱食用。

卡芒貝爾乾酪

代表法國的軟乳酪，具有奶油的風味。表面由白雪所覆蓋，中間為黃色，有如硬蠟似的，遇熱會溶化如奶油一般，過熱時，會成為流動的液體。剝去白色的皮，炸過後，吃起來別具風味。

※太白粉撒得過多，不易沾上蛋黃。

※用煮好的銀杏，插上松葉，就成為松葉銀杏。此外，用鹽煮好的銀杏，亦可插上牙籤，用油炸。

炸檸檬青椒

材料	4人份

青椒4個　　麵粉4/5杯　　檸檬1/2個

炸油適量　　蛋1個　　鹽少許

牛奶1/2杯　　胡椒

〈作法〉

①青椒縱切成六片，內側沾檸檬汁及少許鹽，約醃漬1小時。

②大碗中放入蛋黃、1/4小匙的鹽、少許的胡椒，打到起泡變硬為止（當成麵衣）。

③用另一個大碗打蛋白，使其變硬、發泡。

④在②的蛋黃中，倒入少量的牛奶混合，然後與麵粉充分混合。

⑤在④中加入起泡的蛋白，充分混合，作成麵衣。

⑥①的青椒以布輕輕擦拭，在內側撒上少許的鹽，皮面以竹籤穿過，裹上⑤的麵衣，放入熱油中炸。

胡蘿蔔涼拌芹菜

材料	4人份

胡蘿蔔100g　　砂糖1/2小匙

芹菜300g　　麻油1大匙

鹽1小匙

〈作法〉

①胡蘿蔔去皮，切成5mm寬度，作出美麗的花形。

②芹菜充分洗淨，去筋，斜切成圓片。

③大碗中放入芹菜與胡蘿蔔，加入鹽1小匙、砂糖1/2小匙、麻油1大匙，充分混合，擱置片刻後盛盤。

※這是利用新鮮蔬菜輕易作出的小菜，可以享受爽脆的口感。

Selection 3
全天候型的雞尾酒

不受 T·P·O 的限制
⊙

充滿幸福感
藍色月亮 (Blue Moon)

甜	微甜	中間	微辣	辣

搖動	攪拌	直接倒入

材料・器具

- 杜松子酒 ………… 1/2
- 奶油紫羅蘭 ………… 1/4
- 檸檬汁 ………… 1/4

※雞尾酒杯、調酒器

不僅能夠享受美麗的色澤，同時，也能夠享受奶油紫羅蘭的甘甜及檸檬汁的酸味所譜成的美麗樂章。適合於想要兩人獨處，沈醉於浪漫氣氛中的雞尾酒。

①依序將材料放入調酒器中，加入冰，搖動。

1 杜松子酒
2 奶油紫羅蘭
3 檸檬汁

冰

搖動

依1,2,3的順序放入

②注入雞尾酒杯中。

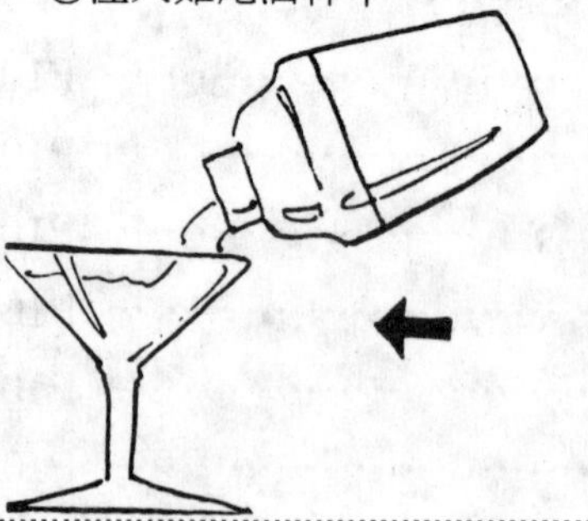

彷彿於口中調製雞尾酒
尼可拉西卡（Nikolaschka）

甜	微甜	中間	微辣	辣

其 他

材料·器具
- 白蘭地……………… 適量
- 檸檬薄片 …………… 1片
- 砂糖……………… 適量

※利口酒杯、湯匙

　　將舖上砂糖的檸檬片含在口中，在酸甜的感覺擴散時，將白蘭地一飲而盡，感覺好像在口中調整雞尾酒一般……。

①利口酒杯中放入半量的砂糖，用湯匙擠壓。

②將酒杯倒過來，使砂糖舖在檸檬薄片上。杯中倒入白蘭地，在酒杯上放入舖上砂糖的檸檬。

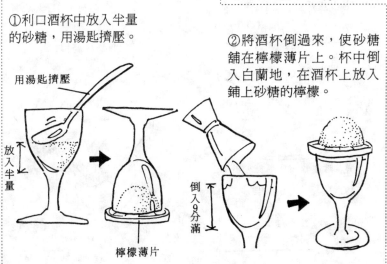

用湯匙擠壓

放入半量

檸檬薄片

倒入9分滿

富於個性的雪花型喝法

鹹狗 (Solty Dog)

甜	微甜	中間	微辣	辣

搖動	攪拌	直接倒入

材料・器具

- 伏特加酒 …… 30～45mℓ
- 葡萄柚汁 …………… 適量
- 鹽 ………………… 適量

※威士忌雞尾酒杯，較
酒杯口徑更寬的盤子

鹹狗的意思，是指「帶鹹味的傢伙」，亦即指英國船隻的甲板員，經常沐浴在海中的鹽氣裡，因而有此稱呼。

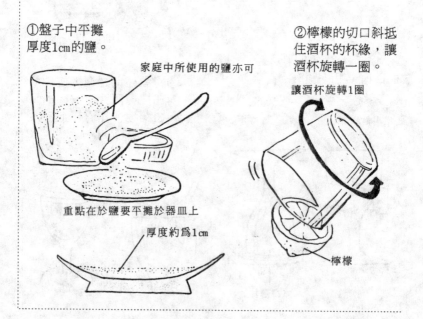

①盤子中平攤
厚度1cm的鹽。

家庭中所使用的鹽亦可

重點在於鹽要平攤於器皿上

厚度約為1cm

②檸檬的切口斜抵
住酒杯的杯緣，讓
酒杯旋轉一圈。

讓酒杯旋轉1圈

檸檬

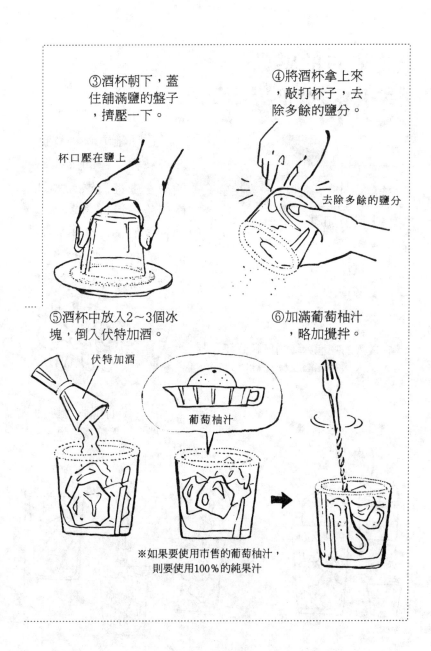

③酒杯朝下，蓋住鋪滿鹽的盤子，擠壓一下。

杯口壓在鹽上

④將酒杯拿上來，敲打杯子，去除多餘的鹽分。

去除多餘的鹽分

⑤酒杯中放入2～3個冰塊，倒入伏特加酒。

伏特加酒

⑥加滿葡萄柚汁，略加攪拌。

葡萄柚汁

※如果要使用市售的葡萄柚汁，則要使用100％的純果汁

具有爽口的感覺……
莫斯科騾子 （Moscow Mule）

甜	微甜	中間	微辣	辣

搖動	攪拌	直接倒入

材料・器具

- 伏特加酒 ……………… 45mℓ
- 檸檬汁 ………………… 15mℓ
- 薑汁啤酒 ……………… 適量

★檸檬

※無腳酒杯

這種雞尾酒具有薑汁啤酒與檸檬的風味，能夠產生爽口感。大口飲用後，很容易喝醉，故宜悠閒慢飲，是有名的慢飲酒。

①在放入2～3個冰塊的無腳酒杯中，倒入伏特加酒及檸檬汁。

②加滿薑汁啤酒，輕微攪拌，用檸檬裝飾。

1

依1,2順序倒入

加滿薑汁啤酒

檸檬

伏特加酒

2

檸檬汁

富於辛辣的口感
吉普生 (Gibson)

甜	微甜	中間	微辣	辣

搖動	攪拌	直接倒入

材料・器具

• 杜松子酒 ………… 5/6
• 苦艾酒 ………… 1/6

★珠葱
※雞尾酒杯、調酒杯

不用苦味馬丁尼所使用的橄欖，而丟入小顆珠葱的雞尾酒。味道的決定性關鍵，在於迅速地攪拌，趁冰涼之際飲用。

①松子酒、苦艾酒以調酒杯攪拌。

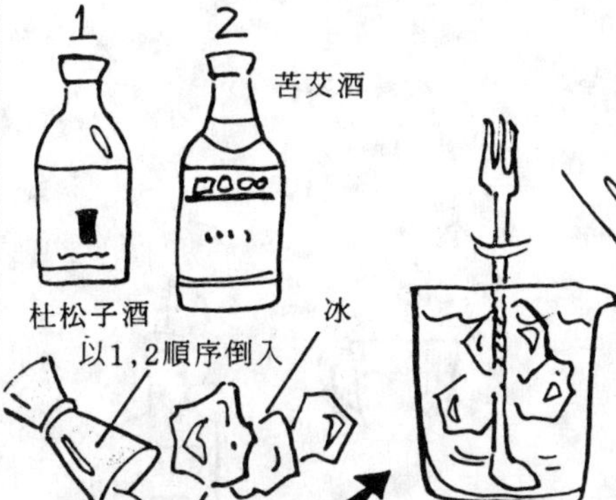

苦艾酒

杜松子酒
以1,2順序倒入

冰

調酒杯

②倒入雞尾酒杯中，用珠葱裝飾。

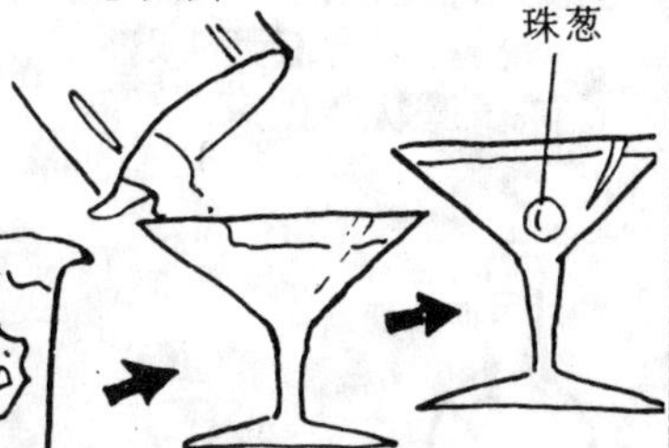

珠葱

●珠葱是大小約為火葱1/4大的洋葱，市售的為鹽漬珠葱

海明威也愛喝的雞尾酒
醉冰黛克蕾 （Frozen Daiquiri）

甜	微甜	中間	微辣	辣

其 他

材料・器具

- 白蘭姆 …………… 40mℓ
- 萊姆汁 …………… 10mℓ
- 白柑香酒 ………… 1tsp
- 糖漿 ……………… 1tsp
- 碎冰 ……………… 1杯

★萊姆或檸檬、薄荷葉
※碟型香檳杯、果汁機、
　2根吸管

　誕生於古巴的黛克蕾，以果子露狀來加以飲用者，即為碎冰黛克蕾。大文豪海明威居住在哈瓦那的時候，經常在一家名為佛羅里達的酒店中品嚐這種雞尾酒。聚集在他身邊的世界各地之編輯及其著名的作品『老人與海』，使得這種雞尾酒聲名大噪。

①材料放入果汁機中
，攪拌混合直到成為
果子露狀為止。

白蘭姆酒

白柑香酒

萊姆汁

糖漿

③用萊姆或檸檬
與薄荷葉裝飾。

吸管

萊姆或檸檬

薄荷葉

●使用廣口高腳杯亦可

1,3的順序

2,4的順序

碎冰

②倒入廣口（碟型）
香檳酒杯中。

重　點

　海明威愛喝的酒，
因此，稱為「海明威黛
克蕾」。

　可以使用喜好的水
果，享受香蕉黛克蕾、
草莓黛克蕾的樂趣。

擊退宿醉的方法

古今中外，嗜酒人士為了逃離清醒後的地獄之苦，因此，想出了各種擊退宿醉的方法。

●大量攝取水分

宿醉的原兇，乃是乙醛這種物質。於肝臟分解後，成為醋酸，隨著血液循環全身，最後，分解為二氧化碳與水，排出體外。酒精具有利尿作用，故喝酒之後，如廁的次數會增多。如果喝得再多，也無法產生排尿感的話，則是體調不良的危險信號。若是健康體，由於利尿作用，因而流失了超出必要以上的水分，就會形成脫水狀態。所以，想要擊退宿醉，補充水分，乃是很合理的做法。

●攝取柿子或濃茶

柿子、濃茶中所含的單寧與果膠，能夠抑制酒精的吸收，同時，有藉著果糖促進乙醛分解的效果。

●早上泡澡

將氧氣送到血液中，促進血液循環，使新陳代謝活絡。因此，早上泡澡，具有卓效。

●攝取梅乾

梅乾的檸檬酸，能夠淨化已經酸性化的血液。

●安眠安靜

只好靜躺下來，保持安靜，等待痛苦的風暴過去吧！

想像大都會的躍動

紐約 (New York)

甜	微甜	中間	**微辣**	辣

搖動	攪拌	直接倒入

材料‧器具

- 威士忌 …………… 3/4
- 萊姆汁 …………… 1/4
- 石榴糖漿 ………… 1tsp
- 糖漿 ……………… 1tsp

※雞尾酒杯、調酒器

淡粉紅色，給予人觀光印象的城市派雞尾酒。不論是略帶甜味或辣味，整體而言，都會讓人產生躍動感的紐約。

①材料放入調酒器中，加入冰塊搖動。

②倒入雞尾酒杯中

●加入橘子皮，能夠享受到風味迥然不同的美味雞尾酒。

1
威士忌

3
萊姆汁

以1,2順序放入
以3,4順序放入

冰

石榴糖漿

4
糖漿

搖動

具有夏日清涼的感覺
葡萄淡酒 (Wine Cooler)

甜	微甜	中間	微辣	辣

搖動	攪拌	直接倒入

材料·器具

- 葡萄酒 …………… 100mℓ
- 橘子汁 …………… 30mℓ
- 柑香酒 …………… 10mℓ
- 石榴糖漿 ………… 10mℓ

★橘子或葡萄
※高腳杯、吸管

享受冰涼清新感覺的雞尾酒。基本上，是以白葡萄酒為主，不過，亦可採用紅色或淡色葡萄酒。即使不勝酒力的人，也適合飲用。

①在高腳杯或無腳酒杯中，裝滿碎冰，材料依序注入，略加攪拌。

杯中裝滿碎冰

②修剪吸管，配合酒杯的高度。2根吸管擺在一起，用水果裝飾。

2根吸管

橘子或葡萄

無聊冬夜的醍醐味
熱威士忌 (Hot Wisky Toddy)

甜	微甜	中間	微辣	辣

搖動	攪拌	直接倒入

威士忌中加入熱水。有輕辣的感覺，帶著少許甜味，可嘗試一番。

材料‧器具
- 威士忌 ……………… 45mℓ
- 方糖 ………………… 1個
- 丁香 ………………… 2~3個
- 熱開水 ……………… 適量

★檸檬薄片 …………… 1片
※連杯架無腳酒杯

①在溫熱的連杯架無腳酒杯中倒入威士忌。

②加滿適量的熱開水（倒至七分滿為止），放入方糖、丁香，以檸檬裝飾。

威士忌

杯架

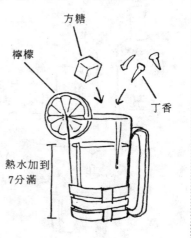

方糖

檸檬

丁香

熱水加到
7分滿

斯拉夫民族風味濃厚的雞尾酒

俄羅斯 (Russian)

甜	微甜	中間	微辣	辣

搖動	攪拌	直接倒入

材料・器具

- 伏特加酒 …………… 1/3
- 杜松子酒 …………… 1/3
- 可可奶 …………… 1/3

✳雞尾酒杯、調酒器

使用伏特加酒與杜松子酒調製而成的烈性雞尾酒。但是，借助可可奶的甘甜，容易入口。也有「夫人殺手雞尾酒」之稱。

①將材料搖動以後，注入雞尾酒杯中。

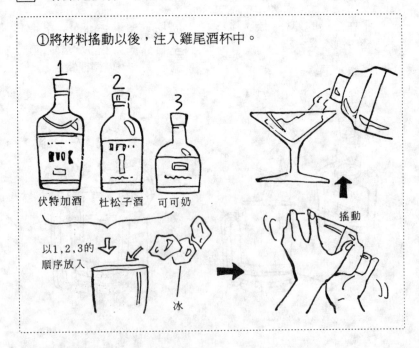

伏特加酒　杜松子酒　可可奶

以1,2,3的順序放入

冰

搖動

以蘭姆酒為基酒的側車

XYZ

甜	微甜	中間	微辣	辣

搖動	攪拌	直接倒入

材料‧器具

- 白蘭姆酒 …………… 1/3
- 白柑香酒 …………… 1/3
- 檸檬汁 ……………… 1/3

※雞尾酒杯、調酒器

如果不使用蘭姆酒，而使用白蘭地，則是側車雞尾酒。具有檸檬的爽口與酸味，再加上既甜又苦的柑香酒，更增添蘭姆的風味，是適合萬人飲用的雞尾酒。

①材料放入調酒器中，搖動以後，注入雞尾酒杯中。

3 檸檬汁

1 白蘭姆酒　2 白柑香酒

依照順序

冰

搖動

●同樣的材料，但改變分量時，就能調製成「邁阿密」這種雞尾酒。加入白威士忌1/3，白蘭姆酒2/3，檸檬汁1tsp，搖動後，就成為「邁阿密雞尾酒」了。

具有薄荷冰涼爽口感
史汀格 (Stinger)

甜	微甜	中間	微辣	辣

搖動	攪拌	直接倒入

<table>
<tr><td rowspan="3">材料・器具</td><td>• 白蘭地 …………… 3/4</td></tr>
<tr><td>• 白胡椒薄荷 ………… 1/4</td></tr>
<tr><td>※雞尾酒杯、調酒器</td></tr>
</table>

史汀格是指帶有針的動物或植物。薄荷的清涼爽口感，調製成爽口的雞尾酒。

①在調酒器中放入材料，加入冰以後，搖動。

②倒入雞尾酒杯中。

1
白蘭地

2
白胡椒薄荷

搖動

依序放入

冰

重點

最近在調製出來的史汀格雞尾酒中，加入冰塊及威士忌來享受的人，也日益增加了。

合適的三種下酒菜

乾貝雞尾酒

材 料	4 人 份

罐裝乾貝（中）1/2　　檸檬切片適量

小黃瓜1/2條　　番茄醬少許　　芥末粉1/2小匙

鹽少許　　法式沙拉醬1大匙

〈作法〉

①乾貝去汁，撕開後，撒上少許鹽。

②小黃瓜切成與乾貝相同的長度，成為
　5mm長條狀，略撒上鹽，擱置片刻
　後，瀝乾水分。

③芥末粉用水調溶，混入1大匙法式沙
　拉醬（可用家庭中所作的法式沙拉
　醬）。

④①的乾貝與②的小黃瓜用③涼拌。

⑤在雞尾酒杯中，將檸檬薄片舖成像花
　瓣一般，中間放入④，淋上少許番茄
　醬。

※除了乾貝以外，也可以使用蝦子。

涼拌乾貝小黃瓜

番茄醬

切片檸檬

青椒北海燒

材 料	4 人 份

青椒（中）4個　　生薑屑1小匙

罐裝鮭魚1罐　　蛋1個

沙拉油、麵粉適量　　醋薑4根

〈作法〉

①靑椒橫切成厚約2cm的圓片，去子與芯。

②鮭魚放入大碗中，去除黑皮，連骨整個碾碎。

③將打散的蛋慢慢地加入②中，混入薑屑，撒上3大匙麵粉混合。

④在①的靑椒中塞入3個鮭魚，兩面抹平，撒上篩過的麵粉。

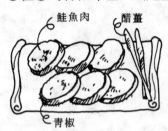
鮭魚肉　　醋薑
靑椒

⑤煎鍋中放入2大匙沙拉油，加熱以後，將④排在鍋中，加蓋，慢慢地燒。

⑥將⑤盛盤，添上醋薑裝飾。

竹筍涼拌雞肉

材料 4人份	竹筍200g	雞翅1隻	芹菜1/2根
	生菜適量	調味醋	醬油、醋、麻油各1大匙 鹽、胡椒各少許

〈作法〉

①將煮好的竹筍切成棒狀的細絲，芹菜也以同樣的方法切絲。

②雞肉煮好冷卻後，切絲。

③作好調味醋，混入①、②中，充分調拌。器皿中舖上生菜，然後放入涼拌菜。

芹菜竹筍涼拌雞肉

生菜

魚子醬

　　如灰色小粒珍珠般的魚子醬，是蝶鮫的蛋，以伊朗所產者為最佳，其次是俄羅斯所產的。通常，是以洋葱碎屑及煮好切碎的雞蛋一起混合，舖在略烤過的土司麵包上來食用。

Selection 4
適用於酒會的雞尾酒

創造快樂的氣氛
⊙

讓人想像世界最美的夕陽
新加坡司令（Singapore Sling）

甜	微甜	中間	微辣	辣

其　他

材料・器具

- 杜松子酒 …………… 45mℓ
- 檸檬汁 …………… 20mℓ
- 糖漿 ………………… 1tsp
- 櫻桃白蘭地 ……… 15mℓ
- 蘇打水 …………… 適量

※冰鎮果子酒杯、調酒器、攪拌棒

由新加坡的拉夫魯茲飯店在1915年所調製出來的雞尾酒，讓人不禁想起堪稱世界最美的新加坡夕陽。是具有誘人色澤與味道的雞尾酒。

①除了蘇打水以外，將其他的材料放入調酒器中。　②放入冰塊，搖動。

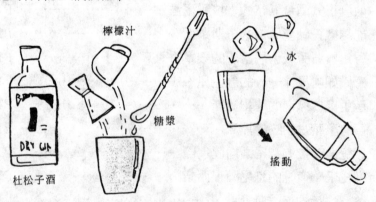

檸檬汁

糖漿

杜松子酒

冰

搖動

③注入放入3～4
個冰塊的酒杯中
，加滿蘇打水。

④靜靜地注入
櫻桃白蘭地。

注入蘇打水

櫻桃白蘭地

加到8分滿爲止

⑤用應時的水果裝
飾，附上攪拌棒。

酒籤

攪拌棒

櫻桃

檸檬薄片

● 用攪拌棒攪拌以後再喝，櫻
桃白蘭地經由攪拌後，看起
來宛如美麗的夕陽一般

酒會的配角
紅酒潘契 (Claret Punch)

甜	微甜	中間	微辣	辣

其 他

紅酒指的是以生產法國葡萄酒而著名的波爾多地方之紅葡萄酒的總稱。具有美麗的外觀，在酒會中，有製造氣氛的效果。是適合衆人飲用的雞尾酒。

材料・器具

- 紅葡萄酒 ……………… 1瓶
- 白蘭地 ……………… 90mℓ
- 白柑香酒 ……………… 90mℓ
- 檸檬汁 ……………… 90mℓ
- 膠糖蜜 ……………… 120mℓ
- 蘇打 ……………… 2瓶
- 水果

放入其中 {
- 橘子（半月形薄片） ……………… 1個份
- 檸檬薄片 ……… 1個份
- 萊姆薄片 ……… 1個份
- 蘋果（半月形薄片） ……………… 1個份
- 奇異果（薄片）1個份
- 小黃瓜皮 …… 1條份
}

裝飾 {
- 橘子 ………… 1/3個份
- 檸檬 ………… 1/3個份
}

※碟型香檳酒杯、大碗
　大塊冰、過濾布

 重點

　葡萄酒要依種類的不同來變換冷度，喝起來較爲美味。經常有人說：「白葡萄酒要冰涼，紅葡萄酒要保持常溫。」，淡色葡萄酒則介乎兩者之間。

①在碗中放入材料，充分混合。

②水果放入其中。

1 白蘭地 MATEL
2 白柑香酒

紅葡萄酒

檸檬汁

膠糖蜜

大碗

萊姆薄片
檸檬薄片
蘋果薄片
橘子薄片
奇異果薄片
小黃瓜皮

●浸泡2小時以上

③取出水果，用布過濾。

用撈網取出水果

紗布過濾

④大碗中放入大塊冰，充分冰涼，加入冰涼的蘇打水。

倒入蘇打水

⑤在各個酒杯中，漂浮著應時的水果。

水果浮在杯中

潘契碗

Selection 4　適用於酒會的雞尾酒　115

在餐廳享受葡萄酒之樂

●點購的方法

首先，決定好要吃的菜，再點用配合菜的葡萄酒。每個店中都備有葡萄酒單，可從中挑選。如果不知該點用什麼樣的種類時，可以詢問酒保或服務生，說明自己所點的菜、喜好及預算，與對方商量。

一般而言，初次飲用葡萄酒的人，如果是點用魚或肉等菜餚，最好是選擇葡萄酒；如果2～3個人各自點用不同的菜，則與其點1大瓶葡萄酒，倒不如各自點用1小瓶紅、白葡萄酒，享受葡萄酒的美味。

此外，大致的標準，是選擇與菜餚同價位的葡萄酒。如果是大瓶的量，大概可倒7～8杯，小瓶則為其半量。不擅飲酒的人，也可以點用1杯葡萄酒。

●喝酒的禮節

葡萄酒上桌後，老闆會讓你評鑑一番，看看是否有沈澱物，且喝時的溫度如何等事項，都需要了解。

在結束評鑑以後，將葡萄酒倒入杯中，一邊觀賞其色澤，聞其香氣，一邊慢慢地品嚐，然後，就可以配合菜餚，享受美酒佳餚了。

原則上，在餐廳中，葡萄酒的服務，是由酒保或服務生來進行。如果人手不足，自己服務也無妨。

適合正式的酒會
香檳雞尾酒（Champagen Cocktail）

甜	微甜	中間	微辣	辣

搖動	攪拌	直接倒入

材料・器具

- 方糖 …………………… 1個
- 芳香苦汁 ………… 5～6滴
- 香檳 …………………… 適量
- 檸檬皮 ………………… 少量

※雞尾酒杯

在電影「卡薩布蘭加」中，因男主角的一句話「爲妳眼眸乾杯」而一躍成名的雞尾酒。利用橘子或檸檬薄片裝飾的話，更增添豪華的氣氛。

①在香檳酒杯中，放入方糖，撒上芳香苦汁。

②放入1個冰塊，加滿冰涼的香檳。

方糖

芳香苦汁

冰

香檳

檸檬皮汁

訴說強壯男子的夢想
勞斯萊斯 (Rolls Royce)

甜	微甜	中間	微辣	辣

搖動	攪拌	直接倒入

材料・器具

- 杜松子酒 …………… 1/2
- 苦艾酒 ……………… 1/4
- 甜苦艾酒 …………… 1/4
- 本尼迪酒 …………… 1滴

＊雞尾酒杯、調酒器

號稱英國名車的勞斯萊斯，給予人豪華、強壯的印象。本尼迪酒素來就具有強壯的效果，爲具有傳統的利口酒。就像名車一樣，男人也希望自己能夠永遠氣派、強壯……。

①材料放入調酒器中，加入3～4個冰塊，搖動。

②倒入雞尾酒杯中。

杜松子酒

苦艾酒

甜苦艾酒

加入1滴本尼迪酒

搖動

好像飛自於南島似的
香蕉鳥 (Banana Bird)

甜	微甜	中間	微辣	辣

搖動	攪拌	直接倒入

材料・器具

- 波旁威士忌 ……… 30mℓ
- 鮮奶油 ……… 30mℓ
- 香蕉利口酒 ………… 2tsp
- 白柑香酒 ………… 2tsp
- ★香蕉薄片
- ※酸味酒杯、調酒器

鮮奶油混合香蕉，具有濃厚的味道。但是，令人感到不可思議的是，卻能夠與波旁酒調和。裝飾在杯緣，好像鳥停留般的香蕉，令人賞心悅目。

①充分搖動材料後，倒入加入冰塊的酸味酒杯中。

②倒入酒杯中，以香蕉裝飾。

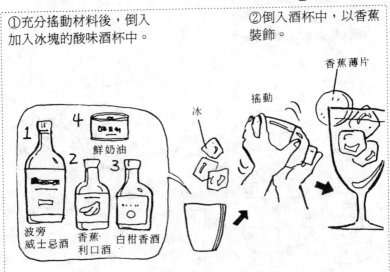

鮮奶油

波旁威士忌酒　香蕉利口酒　白柑香酒

冰　搖動　香蕉薄片

以喝果汁的感覺輕鬆地飲用

急色兒 (Honi Honi)

甜	微甜	中間	微辣	辣

搖動		攪拌	直接倒入

感覺有如南國的波旁威士忌果汁似的，具有水果般甘甜的雞尾酒。光聞其名，就令人覺得興奮無比。適用於午後的酒會。

材料・器具

- 波旁威士忌 ……… 45mℓ
- 鳳梨汁 ………… 30mℓ
- 橘子汁 ………… 15mℓ
- 檸檬汁 ………… 1tsp

★鳳梨、薄荷葉

※調酒器、大型威士忌、雞尾酒杯、吸管

①充分搖動材料後，倒入加入碎冰的大型酒杯中。

②用水果與薄荷葉裝飾。

鳳梨

吸管

薄荷葉

依序放入

3 橘子汁

2 鳳梨汁

1 波旁威士忌

4 檸檬汁

搖動

如冒火花一般的蘇打水，令人興奮

德州費斯 (Texas Fizz)

甜	微甜	中間	微辣	辣

搖動	攪拌	直接倒入

材料・器具

- 杜松子酒 ………… 45mℓ
- 橘子汁 ………… 20mℓ
- 膠糖蜜 ………… 2tsp
- 蘇打水 ………… 適量

※無腳酒杯、調酒器

　　會讓人產生騎著野馬急速奔馳的牛仔印象的雞尾酒。利用橘子汁取代琴費斯的檸檬汁，即可調製出這種雞尾酒。

①除了蘇打水以外，搖動其他全部的材料後，注入無腳酒杯中。

②加入冰塊，再加滿冰涼的蘇打水，略加攪拌。

1 杜松子酒　2 橘子汁　3 膠糖蜜

冰　加滿冰涼的蘇打水

展現豪華奔放的野性觸感

黑鷹（Black Hawk）

甜	微甜	中間	微辣	辣

搖動	攪拌	直接倒入

材料・器具

- 威士忌 ……………… 1/2
- 黑梅李酒 ………… 1/2

★紅櫻桃

※雞尾酒杯、調酒杯

給予人帶有野性味的黑鷹印象。用李子作成的利口酒及黑梅李酒的甘甜風味，調製成氣氛華麗的雞尾酒。

①將材料放入調酒杯中攪拌。

②倒入雞尾酒杯中，用櫻桃裝飾。

濾器

1 威士忌　2 黑梅李酒

調酒杯

紅櫻桃

雞尾酒的基酒①

●杜松子酒

　　無色透明，具有爽口感，能夠與檸檬或萊姆等所有的果汁、利口酒等混合，隨時都能夠引出對方的風味。杜松子酒在許多的酒中都能夠展現良好的作用。

　　馬丁尼或萊姆伏特加等雞尾酒的傑作，都是以杜松子酒為基酒。

　　杜松子酒，最初是在十七世紀時於荷蘭用杜松子製造出來的，後來傳至倫敦，去除強烈的味道，形成目前味道較淡的杜松子酒。

●蘭姆酒

　　適用於任何的果汁或利口酒類，能夠引出對方的風味；同時，也能夠襯托出自己的南國風味，是非常具有融通性的酒。蘭姆基酒的傑作，就是與蘭姆果汁搭配成的雞尾酒及黛克蕾。

　　蘭姆酒是在十七世紀誕生於加勒比海，是用甘蔗所製造出來的酒，深受海盜們的喜愛，具有強烈的個性化風味。雞尾酒所使用的是風味最輕淡的一型，多半採用白蘭姆酒。

用喜愛的香料調味
血腥瑪麗 (Bloody Mary)

甜	微甜	中間	微辣	辣

搖動	攪拌	直接倒入

材料・器具

- 伏特加酒 ………… 45mℓ
- 番茄汁 ……………… 適量
- 英國辣醬油、指天椒、
  鹽、胡椒（依個人喜好）

★半月形的檸檬

✽無腳酒杯、攪拌棒

在實行禁酒法時代的美國，用番茄汁調杜松子酒，稱為血腥太陽。後來，不使用杜松子酒，改用風味優雅的伏特加酒來調製，深受大眾喜愛，而成為這種血腥瑪麗雞尾酒。因為番茄汁為紅色，故擁有血腥之名。

①在放入大型冰塊的無腳酒杯中倒入伏特加酒，加滿番茄汁。

②用檸檬裝飾，附上攪拌棒。

伏特加酒
番茄汁
英國辣醬油
檸檬薄片
鹽
指天椒
胡椒

●可利用喜好的香料增添風味

演出豪華之夜的雞尾酒
卡西諾（劇場）（Casino）

甜	微甜	中間	微辣	辣

搖動	攪拌	直接倒入

從19世紀到20世紀，以劇場為舞台，產生了很多的故事。用雞尾酒來表現在豪華劇場中每個人所扮演的角色……。

材料‧器具
- 杜松子酒 ………… 9/10
- 黑櫻桃甜酒 ………… 1tsp
- 檸檬汁 ………… 1tsp
- 橘子汁 ………… 1tsp

★紅櫻桃
※雞尾酒杯、調酒杯

①將材料放入調酒杯中攪拌。

②倒入雞尾酒杯中，用櫻桃裝飾。

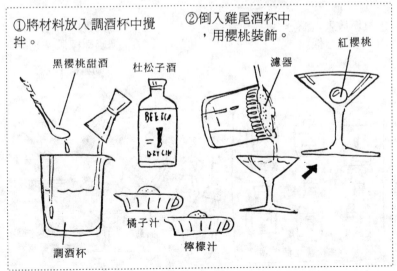

黑櫻桃甜酒　　杜松子酒

BEE ECO
=
DRY GIN

橘子汁
檸檬汁
調酒杯

濾器
紅櫻桃

使人燃燒熱情
查爾斯登舞 (Charleston)

甜	微甜	中間	微辣	辣

搖動	攪拌	直接倒入

令人逐漸感到興奮的查爾斯登舞，以其舞步為主題，調配出具有豪華風味的雞尾酒。如果覺得得太甜，可利用黑櫻桃甜酒來控制甜味。即使是愛喝辣性酒的人士，也能享受這種雞尾酒的樂趣。

材料‧器具

- 杜松子酒 ………… 1/6
- 酸櫻桃酒 ………… 1/6
- 香酒 ………… 1/6
- 黑櫻桃甜酒 ……… 1/6
- 苦艾酒 ………… 1/6
- 甜苦艾酒 ………… 1/6
- 檸檬皮 ………… 少量

※雞尾酒杯、調酒器

①材料放入調酒器中，加入冰搖動。

②倒入雞尾酒杯中，擠出檸檬果皮汁。

切檸檬皮

杜松子酒　柑香酒　苦艾酒

酸櫻桃酒　黑櫻桃甜酒　甜苦艾酒

搖動

擠檸檬果皮汁

合適的二種下酒菜

自製燻鮭魚

材 料	4 人 份

鮭魚600g　　　芹菜數根　　　白蘭地1/4杯

西式辣椒醬少許　蒔蘿（香辛料）1小匙　砂糖50g

洋蔥（小）1個　鹽25g　檸檬1/2個　胡椒粒1小匙

〈作法〉

①將切成3片的鮭魚，連皮切成600g左右，混入砂糖、鹽、胡椒，充分摩擦。

②在容器中，將①的鮭魚皮面朝下放入，再撒上蒔蘿及白蘭地，加蓋，放入冰箱內，24小時後，翻面。

③48小時後取出，盡可能切成較薄、較寬的片狀，盛盤，添上切成薄片的洋蔥、檸檬切片、西式辣椒醬、芹菜等，可於冰箱中存放1個月。

鯷魚

以葡萄牙所生產的最為有名，是義大利或西班牙料理中，不可或缺的食品。與其當成小菜，還不如當成調味料來使用。

用檸檬汁與橄欖油調製成調味汁。將鯷魚夾在2片長的派麵糊中，放在烤箱中烤，適合喝雞尾酒使用。

※蒔蘿……是原產於歐洲的芹科草本植物，具有獨特的香味。市售品是研製成粉末狀的物質，用以增添香味。

鮭魚　　西式辣椒醬

芹菜

洋蔥薄片　　　檸檬

冷製火腿

材料	4人份

火腿小1條　萵苣1/2株　鳳梨1/2個　胡蘿蔔少許

橄欖少許　　生菜少許　　檸檬汁1小匙

蛋黃醬3/4杯　　砂糖少許　　果膠粉1大匙

〈作法〉

①直接用包裝紙包住火腿，放入冒著蒸氣的蒸籠中，蒸10分鐘以後，冷卻。放入冰箱中冷藏以後，剝掉紙，用布擦乾水分。

②在4大匙的水中加入果膠粉，溶解後，加入蛋黃醬。

③將②分數次塗抹於①的火腿上，成為5mm厚度，放入冰箱中，形成半凝固狀態。

④1個橄欖切成3～4塊，在③的火腿表面上劃上斜線，橄欖裝飾於斜線交叉的中央，再放入冰箱中冷藏。

⑤切除鳳梨葉，去皮，切成1cm厚的圓片，再去除芯，切除四半，混入檸檬汁及少許砂糖。

⑥冰過後的萵苣切絲，鋪在盤中，④的火腿置於中央，周圍以胡蘿蔔、生菜、鳳梨及切下的葉子裝飾。

※整個火腿冰涼後，拿出來吃，是豪華的冰涼餐前菜。非常適合於酒會中使用。

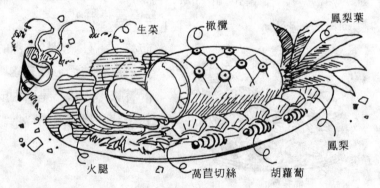

生菜　橄欖　鳳梨葉

火腿　萵苣切絲　胡蘿蔔　鳳梨

Selection 5
睡前雞尾酒

今日的放鬆是明日活動的能量
⊙

去除冬日疲勞的西式蛋酒
湯姆與傑利（Tom and Jelly）

甜	微甜	中間	微辣	辣

搖動		攪拌		直接倒入

材料・器具

- 白蘭地 ………… 30mℓ
- 黑蘭姆酒 ………… 15mℓ
- 蛋 ………………… 1個份
- 砂糖 ……………… 2tsp
- 熱開水 …………… 適量

※無腳酒杯、大碗（2個）、打蛋器

在禁酒時代的美國，即成為聖誕節飲用的酒。感冒時，飲用後就寢，能迅速治癒感冒，為西式蛋酒。

①蛋白與蛋黃分別放入不同的碗中，打起泡來。

②砂糖加入放蛋黃的碗中，再加入打起泡的蛋白，充分攪拌。

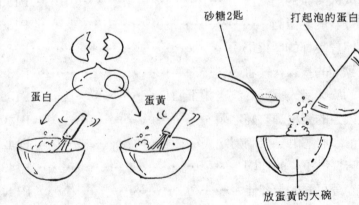

砂糖2匙

打起泡的蛋白

蛋白

蛋黃

放蛋黃的大碗

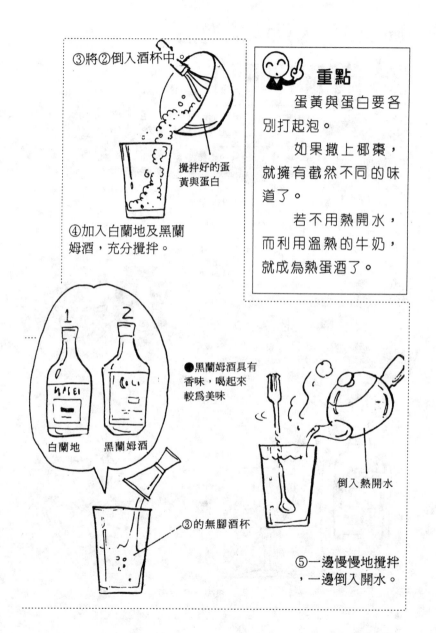

③將②倒入酒杯中。

攪拌好的蛋黃與蛋白

④加入白蘭地及黑蘭姆酒，充分攪拌。

重點

蛋黃與蛋白要各別打起泡。

如果撒上椰棗，就擁有截然不同的味道了。

若不用熱開水，而利用溫熱的牛奶，就成為熱蛋酒了。

1

2

白蘭地　　黑蘭姆酒

●黑蘭姆酒具有香味，喝起來較為美味

③的無腳酒杯

倒入熱開水

⑤一邊慢慢地攪拌，一邊倒入開水。

咖啡中加入辣味的逸品
愛爾蘭咖啡（Irish Coffe）

甜	微甜	中間	微辣	辣

搖動	攪拌	直接倒入

材料・器具

- 威士忌 …………… 40㎖
- 熱咖啡 ……………… 適量
- 咖啡糖 ……………… 1tsp
- 鮮奶油 ……………… 適量

※葡萄酒杯（或高腳杯）

　、火柴、攪拌棒

是愛爾蘭的達布林市夏儂機場的雞尾酒。在大廳中，乘客爲了溫熱身體而喝這種飲料，是受人喜愛的雞尾酒。在美國西部，成爲舊金山咖啡，也深受大衆的歡迎。

①在溫熱的酒杯內側倒入威士忌。

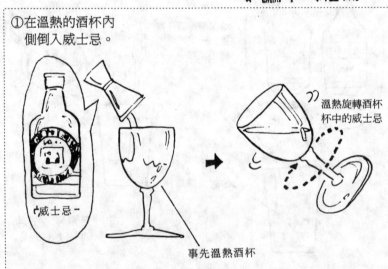

威士忌

事先溫熱酒杯

溫熱旋轉酒杯杯中的威士忌

②於酒杯內側點火。

火柴

③趁冒出火燄時
，倒入熱咖啡。

咖啡糖放入酒杯中以後，
倒入濃咖啡

④輕輕攪拌奶油
，使其起泡。

鮮奶油

重點

喜好甜味的人，可以放入砂糖，在倒入威士忌之前，先放入砂糖，不使砂糖溶解。飲用時，自然溶解，喝起來較為美味。如果在製造起泡奶油時加入甜味的話，則事先不放砂糖亦可。

藍色的火燄十分美麗，因此，事先將房間燈光熄掉，可營造出美好的氣氛。

⑤在③的上方
加上④。

杯子中漂浮著
起泡的奶油

雞尾酒的基酒②

●威士忌

是個相當頑固的傢伙，濃冽的香味與色味，不是任何人都能夠接受的。但是，如果遇到適合的對象時，可以成為莫逆知交。像曼哈頓、威士忌雞尾酒等，堪稱名作的雞尾酒，就是這樣產生出來的。

威士忌於十六世紀誕生於英國，語源是來自於「生命之水」。用大麥或玉米等穀物所製造出來，因其原料與製法的不同，而有蘇格蘭威士忌、波旁威士忌等區別。

●伏特加酒

在十二～十三世紀時，已經出現在俄羅斯及東歐地方的酒。不過，在十八世紀後半期之後，才像現在一樣，使用馬鈴薯、玉米等加以製造。西元1810年，開發出利用白樺碳過濾的方法。後來，無味、無臭、無色，成為伏特加酒的特徵。

但事實上，具有純度極高的酒精風味，成為螺絲起子、血腥瑪麗等許多雞尾酒的基酒。

誕生於花都佛羅倫薩
尼格隆尼 (Negrrom)

甜	微甜	中間	微辣	辣

搖動	攪拌	直接倒入

材料・器具

- 杜松子酒 ………… 30mℓ
- 金巴利 ………… 30mℓ
- 甜苦艾酒 ………… 30mℓ

★橘子薄片
※威士忌雞尾酒杯

經常流連在佛羅倫薩餐廳卡索尼的客人卡米諾・尼格隆尼伯爵，很愛喝這種由酒保福斯克・史卡魯塞爾所調製出來的雞尾酒，具有金巴利風味，展現成人氣氛的苦澀雞尾酒。

①杯中放入2～3個冰塊，注入材料，輕輕地攪拌。

②用橘子薄片裝飾。

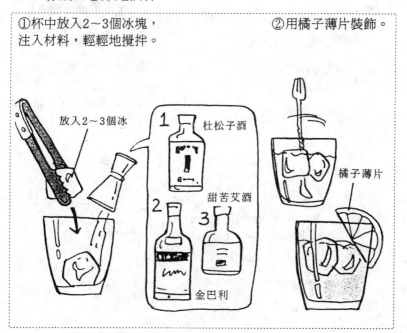

放入2～3個冰

1 杜松子酒

甜苦艾酒

2

3

金巴利

橘子薄片

營養豐富的雞尾酒
熱蛋酒 (Hot Egg Nog)

甜	微甜	中間	微辣	辣

搖動	攪拌	直接倒入

材料・器具

- 白蘭姆酒 ………… 30mℓ
- 白蘭地 ……………… 15mℓ
- 溫牛奶 …………… 70mℓ
- 蛋黃 ……………… 1個份
- 砂糖 ……………… 2tsp
- 荳蔻 ……………… 適量

※無腳酒杯、杯架

在騰騰的熱氣中，瀰漫著肉荳蔻及蘭姆和白蘭地的香甜味，適合冬日飲用。牛奶、蛋黃，營養豐富，能夠消除1天的疲勞，儲備明日的銳氣。

①在溫熱的無腳酒杯中，混入蛋黃與砂糖。

②注入蘭姆酒與白蘭地，一邊攪拌，一邊加滿溫牛奶。作好後，撒上肉荳蔻。

砂糖2匙

蛋黃

溫熱的無腳酒杯

白蘭姆酒　白蘭地

溫牛奶

享受冰涼風味
琴東尼 (Gin Tonic)

甜	微甜	中間	微辣	辣

搖動	攪拌	直接倒入

材料・器具

- 杜松子酒 ………… 45mℓ
- 東尼礦泉水 ………… 適量
- 檸檬或萊姆 ……… 1/6塊

★檸檬薄片
※無腳酒杯

杜松子酒的風味與東尼礦泉水調和而成的雞尾酒。如果使用伏特加酒或蘭姆酒、龍舌蘭酒的話，則以基酒的名稱來命名。不論是使用哪一種基酒，愈冰愈具美味。

①在放入3～4個冰塊的無腳杯中，倒入杜松子酒。

②擠入切塊的檸檬或萊姆汁。

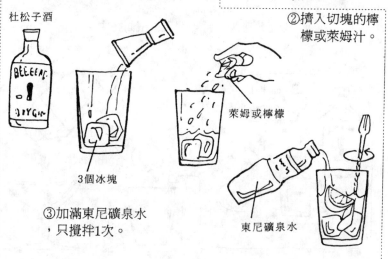

杜松子酒

3個冰塊

萊姆或檸檬

③加滿東尼礦泉水，只攪拌1次。

東尼礦泉水

享受過喉的滑順感
皇家夜總會 （Royal Clover Club）

甜	微甜	中間	微辣	辣

搖動	攪拌	直接倒入

代表昔日的古典雞尾酒之一，現在仍深受大眾的喜愛。能夠享受過喉滑順感的雞尾酒。

材料・器具
- 杜松子酒 …………… 45mℓ
- 石榴糖漿 …………… 1tsp
- 檸檬汁 ……………… 1tsp
- 蛋黃 ………………… 1個份

※香檳酒杯、調酒器

①充分搖動材料，倒入香檳酒杯中。

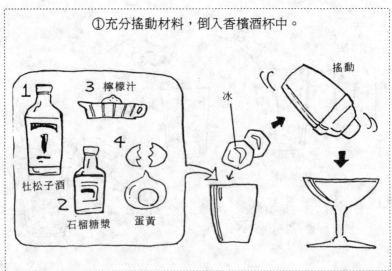

搖動
冰
3 檸檬汁
1
4
杜松子酒
2
石榴糖漿　蛋黃

擁有舒適的睡眠
波士頓蛋酒（Boston Egg Nog）

甜	微甜	中間	微辣	辣

其 他

材料‧器具

- 馬丁尼葡萄酒 …… 60mℓ
- 黑蘭姆酒 ………… 15mℓ
- 白蘭地 …………… 15mℓ
- 冷牛奶 …………… 90mℓ
- 蛋黃 ……………… 1個份
- 砂糖 ……………… 2tsp

※無腳酒杯、果汁機

在美國南部自古以來就飲用的蛋酒，曾幾何時，傳到北街波士頓，而以這條街的名稱來命名。展現白蘭地、蘭姆酒和馬丁尼葡萄的芳醇風味。

Bloody…

①材料放入果汁機中攪拌，倒入加入冰的大型酒杯中。

蛋黃　砂糖　果汁機　白蘭地　馬丁尼葡萄酒　黑蘭姆酒　冷牛奶　吸管

創造精力的雞尾酒
寡婦之夢 （Widowes Dream）

甜	微甜	中間	微辣	辣

搖動	攪拌	直接倒入

材料・器具

- 本尼迪酒 …………… 30㎖
- 蛋 ………………… 1個份
- 鮮奶油 …………… 適量

※香檳酒杯、調酒器

帶有香豔名稱的雞尾酒「寡婦之夢」，是使用藥草、利口酒來製作。喝了之後，能夠創造精力，是使得寡婦也會犯罪的雞尾酒。

①除了鮮奶油以外，充分搖動其他的材料，然後再倒入香檳酒杯中。

②將鮮奶油打起泡。

本尼迪酒

雞蛋

CREAM

打起泡

鮮奶油

搖動

杯上漂浮鮮奶油

雞尾酒的基酒③

●白蘭地

芳醇、濃洌的味道,能夠溫柔地包圍對方,具有芳香的氣息,能夠製造出美味的雞尾酒來。像側車、亞歷山大等,為其代表。

白蘭地是水果的蒸餾酒,一般是指用葡萄所製造出來的葡萄酒。提到白蘭地,就會讓人連想起法國。在法國西南部克尼克地方的葡萄所製造出來的克尼克白蘭地,最為著名。

●雪莉酒

雪莉酒是西班牙的酒精強化葡萄酒。其典雅的風味,深受世人的喜愛。分為甜性酒與辣性酒,能夠製造出香味極高的高級雞尾酒。阿多尼斯為其代表。

●其他

利口酒是指烈酒中加入香草或藥草增添香味的再製酒之總稱。以利口酒為基酒調製出來的雞尾酒,種類繁多,大都使用蛋或鮮奶油,當成強壯酒或睡前酒來飲用。

具有暖身效果
熱奶蘭姆 (Hot Buttered Rum)

甜	微甜	中間	微辣	辣

搖動	攪拌	直接倒入

材料・器具

- 蘭姆酒 ……………… 45mℓ
- 方糖 ………………… 1個
- 奶油 ……………… 1～2片
- 肉桂棒 ……………… 1條

※附有杯架的無腳酒杯、攪拌器

是當成冬天的睡前酒或感冒特效藥來使用的雞尾酒。具有滑順的口感。亦可將奶油、砂糖、肉桂等的混合品放入酒杯中,再注入蘭姆與熱開水。

①在杯中注入蘭姆酒,加入方糖,注入熱開水直到7分滿。

②放入奶油,用肉桂棒攪拌,再附上攪拌棒。

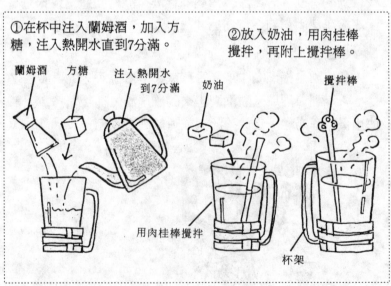

蘭姆酒　方糖　注入熱開水到7分滿　奶油　攪拌棒

用肉桂棒攪拌

杯架

甘甜的風味使人忘記寒冷

雪國 (Yu Kiguni)

甜	微甜	中間	微辣	辣

搖動	攪拌	直接倒入

材料・器具

- 伏特加酒 ……………… 1/2
- 白柑香酒 ……………… 1/4
- 萊姆汁 ………………… 1/4

★綠櫻桃、砂糖

❀雞尾酒杯、調酒器、盤子

1958年在聖多利所舉辦的評鑑大會中，得到第1名的作品。沾在邊緣的白砂糖及沈浸在酒杯中的綠櫻桃，十分美麗，使人產生美麗雪國的印象。趁熱喝，會覺得一股暖流竄流全身。

①雞尾酒杯沾砂糖，先作成雪花型。

②搖動材料後，靜靜地倒入酒杯中，放入綠櫻桃。

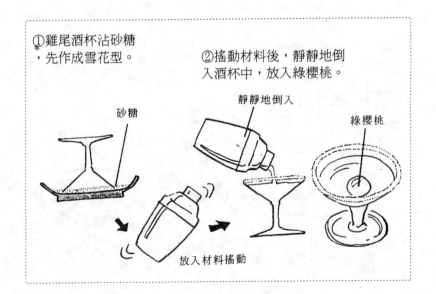

砂糖

放入材料搖動

靜靜地倒入

綠櫻桃

感覺十分可愛
卡琴佳 (Katinca)

甜	微甜	中間	微辣	辣

搖動	攪拌	直接倒入

材料‧器具

- 伏特加酒 …………… 1/2
- 杏白蘭地 …………… 1/4
- 萊姆汁 …………… 1/4

★萊姆薄片
※雞尾酒杯、調酒器

卡琴佳是俄羅斯代表性的女性名字，亦即艾卡提莉娜的暱稱。在帝政俄羅斯時期，為著名的辣腕女皇帝。到底要成為可愛的俄羅斯姑娘或威風凜凜的女皇帝，則看妳的醉酒程度了。

①搖動材料後，倒入雞尾酒杯中。

1 伏特加酒
2 杏白蘭地
3 萊姆汁

搖動

冰塊1～2個　萊姆薄片

②加入1～2個冰，用萊姆薄片裝飾。

合適的三種下酒菜

火腿蔬菜涼拌芥末

材料	4人份		
	火腿（切成薄片）2片	洋芥末、砂糖各2小匙	
	豆芽菜約100g　薑少許	醋2.5大匙　鹽1/2小匙強	
	青椒2個　　鹽、醋、米酒各少許	醬油1小匙	

〈作法〉

①洗淨豆芽菜，去根，放入加入少許鹽的沸水中，燙過後撈起，瀝乾水分，撒上少許的醋。

②青椒縱切成四半，去蒂與子，縱切成細絲，放入加入少許鹽的沸水中，燙過後撈起，撒上少許鹽、米酒，冷卻。

③薑切絲浸泡在水中，撈起後，擰乾水分。火腿切絲。

④洋芥末中加入熱開水，充分攪拌，溶解以後，蓋上器皿，使其產生香氣。在碗中放入鹽、砂糖

姆塔爾德

用鹽和醋調味的法式芥末醬。加入種子、葡萄酒、青胡椒與草蒿等香料，與檸檬風味的芥末醬，味道全然不同。不僅用來沾肉吃，亦可用以調製調味醬或奶油調味醬。

與洋芥末，充分攪拌，再放入醋、醬油，調製成芥末醋。

⑤端上餐桌以前，用芥末醋涼拌①～③的材料後，盛盤上桌。

生薑　豆芽菜　青椒　火腿

墨魚鹹魚子

材 料	4 人 份	墨魚（去除頭部）100g　　檸檬切成半月形 鹹魚子3大匙　　　鹽1/2大匙 酒1大匙

〈作法〉

①墨魚去除薄皮，切成2～3
　片，加入1/2大匙鹽、1大匙
　酒調味，擱置10分鐘。

②將①的墨魚與鹹魚子涼拌，
　在雞尾酒杯中舖上生菜，再
　放上墨魚鹹魚子。

※1條墨魚200g，去除頭部，
　剩下100g。

半月形檸檬　墨魚　鹹魚子

沙拉菜

味增燒青椒

材 料	4 人 份	青椒28個　　　紅味噌80g　　　米酒2小匙 沙拉油適量　　砂糖1.5小匙　　罌粟子少許 高湯3大匙　　　紅薑少許

〈作法〉

①青椒去子縱切，橫放，用竹
　籤穿成串。

②將①的青椒兩面塗上沙拉
　油，以強火的遠火兩面烤。

紅薑　罌粟子　青椒

味噌

③鍋中放入相當分量的紅味噌、米酒、砂糖、高湯，用小火多
　煮一會兒。

④將②烤好的青椒，塗上③的味噌，撒上罌粟子。

⑤盛盤，添上紅薑。

Selection 6
適合兩人之夜的雞尾酒

享受浪漫風情

⊙

襯托兩人的豪華之夜
紅粉佳人 (Pink Lady)

甜	微甜	中間	微辣	辣

搖動	攪拌	直接倒入

- 杜松子酒 ………… 45mℓ
- 石榴糖漿 ………… 15mℓ
- 蛋白(小) ……… 1個份

※香檳酒杯(碟型)、調酒器

1912年,獻給當時在倫敦演出相當轟動舞台劇「粉紅佳人」的女主角的雞尾酒,命名為「粉紅佳人」。深受當時倫敦的青年男女所喜愛。

①調酒器內放入材料與冰,充分搖動。

搖動

1 以1,2的順序放入

只用蛋白

●因為有蛋白,故要用力搖動

杜松子酒

冰

石榴糖漿

②倒入香檳酒杯中。

享受少數民族之樂
阿布杜達 (Abdurda)

甜	微甜	中間	微辣	辣

搖動	攪拌	直接倒入

材料·器具

- 伏特加酒 ………… 30mℓ
- 原味酸乳酪 ……… 60mℓ
- 鹽 ………………… 少量
- 蘇打水 …………… 適量

❉無腳酒杯、調酒器

阿布是「水」,杜達是「酸乳酪」的意思。利用原味酸乳酪的酸甜風味包住伏特加酒,成為較清淡的雞尾酒。據說,在伊朗的帕雷比王時代,就已經飲用這種酒,是歷史相當古老的雞尾酒。瀰漫著少數民族的氣息。

①將伏特加酒、原味酸乳酪、鹽放入調酒器中,加入冰搖動,倒入無腳酒杯中。

②在無腳酒杯中放入2～3個冰塊,加滿蘇打水,略微攪拌。

以1,2的順序放入　　冰

1

2

伏特加酒

原味酸乳酪

鹽

搖動

蘇打水

充滿彩虹美與濃厚的味道
天使之吻 (Angel Kiss)

甜	微甜	中間	微辣	辣

搖動	攪拌	直接倒入

材料・器具

- 可可奶 …………… 3/4
- 鮮奶油 …………… 1/4

★紅櫻桃 …………… 1個
※利口酒杯、調酒匙、酒籤

「天使之吻」這種
雞尾酒，味道濃厚。

①可可倒入利
口酒杯中。

②好像可可奶漂浮在液面似
的，靜止地倒入鮮奶油。

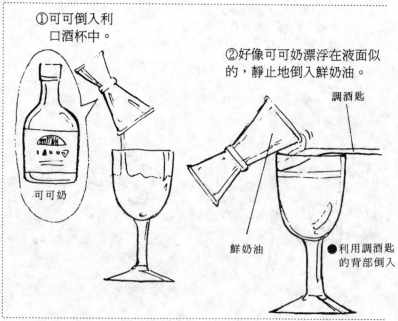

調酒匙

可可奶

鮮奶油

●利用調酒匙
的背部倒入

③紅櫻桃插上酒籤或
牙籤，放在杯緣上。

重點

　這兒為各位介紹的，
乃是產生變化後的天使之
吻調製法。真正天使之吻
的調配處方是可可奶
1/4、奶油紫羅蘭1/4、白
蘭地1/4、鮮奶油1/4，由
上方開始，依序靜靜地倒
入酒杯中，形成不同的層
次。

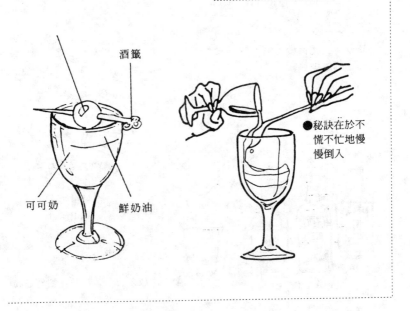

酒籤

可可奶　　　　鮮奶油

●秘訣在於不
　慌不忙地慢
　慢倒入

讓人想像浪漫的霧

莫雷亞之霧 (Maulea Mist)

甜	微甜	中間	微辣	辣

搖動	攪拌	直接倒入

材料・器具

- 杜松子酒 ………… 30mℓ
- 甜苦艾酒 ………… 30mℓ
- 可可 …………… 30mℓ
- 蛋白 …………… 1個份
- 碎冰
- ★肉荳蔻

※大型無腳酒杯、調酒器、吸管

莫雷亞是百老匯流行音樂劇「南太平洋」的舞台莫雷亞島。一邊想像瀰漫於島上的浪漫之霧，一邊看著可可亞的濃郁風味，有如酒杯中瀰漫霧一般的雞尾酒。

①充分搖動材料後，倒入加入碎冰的大型無腳酒杯中。

②撒上肉荳蔻，附上吸管。

以1,2,3的順序放入

肉荳蔻　吸管

1 杜松子酒
2 甜苦艾酒
3 可可

只放蛋白

碎冰

●因為放入蛋白，故要仔細地搖動

今晚我是公爵夫人

公爵夫人 （Duchess Cocktail）

甜	微甜	中間	微辣	辣

搖動	攪拌	直接倒入

材料・器具

- 鴨先酒 ……………… 1/3
- 苦艾酒 ……………… 1/3
- 甜苦艾酒 …………… 1/3

※雞尾酒杯、調酒杯

具有強烈刺激性獨特風味的鴨先酒，以及苦艾酒、甜苦艾酒3種酒，演奏出瀰漫成人氣氛的樂章，是可以仔細品嚐的雞尾酒。

①將材料放入調酒杯中，輕微攪拌後，倒入雞尾酒杯中。

1 鴨先酒
2 苦艾酒
3 甜苦艾酒

以1,2,3的順序放入

輕輕攪拌

冰

濾器

● 有些雞尾酒書中會記載「用搖動的方式」，但因含有較多的苦艾酒，搖動的話，會起泡，較不美觀。

味道與香氣濃厚的雞尾酒

火吻 (Kiss of Fire)

甜	微甜	中間	微辣	辣

搖動	攪拌	直接倒入

材料・器具
- 伏特加酒 ………… 1/3
- 黑梅李酒 ………… 1/3
- 苦艾酒 ………… 1/3
- 檸檬汁 ………… 2滴

★砂糖

※雞尾酒杯、口徑較調酒杯
　更大的小盤子

　　襯托黑梅李酒的個性，是味道與香氣都非常濃厚的雞尾酒。1953年，在第5屆香檳評鑑會中得到優勝作品獎。

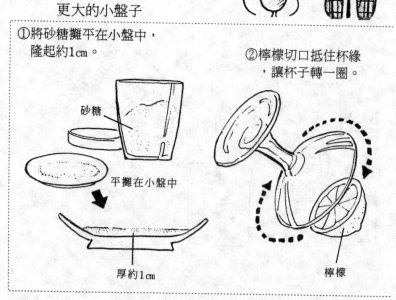

①將砂糖攤平在小盤中，
　隆起約1cm。

砂糖

平攤在小盤中

厚約1cm

②檸檬切口抵住杯緣
　，讓杯子轉一圈。

檸檬

③酒杯朝下，
　壓住小盤。

壓住

砂糖

④直接拿起酒杯，輕敲酒
　杯，去除多餘的砂糖。

拿起

去除多餘的砂糖

⑤在調酒器中放入材
　料，加入冰搖動。

1　2　3

伏特加酒　黑梅李酒　苦艾酒

檸檬汁

冰

搖動

⑥倒入作成雪花型
　的雞尾酒杯中。

●雞尾酒與砂糖
　之間要留下少
　許的間隔

雞尾酒會的菜餚

　　想到雞尾酒會的菜餚，可能令人頭痛不已，但是，如果是舉行雞尾酒會的話，就可以放輕鬆了。只要準備一些適合的雞尾酒下酒菜，即綽綽有餘了。不過，如果讓人覺得這是連帶吃餐的雞尾酒會，恐怕就會遭人誤解了。因此，在招待時，要清楚地說明到底是屬於何種性質的雞尾酒會，例如「餐後的雞尾酒會」或「準備好雞尾酒及下酒菜招待貴客」等，在邀請函上，註明這些事項，讓對方明白並沒有準備餐點。

　　適合雞尾酒的下酒菜，例如將乳酪切成薄片，舖在麵包或餅乾上的小點心，或是堅果類等。另外，使用罐頭或香腸、火腿等市售品，在盛盤的方法及刀工上下工夫。

　　若要準備簡便的餐點，則火腿、乳酪、燻鮭魚、泡菜等，可以用大盤盛裝，配上法式麵包或土司，採自助方式來享用三明治。

　　如果還要講究一點的話，則像烤乳豬、炸雞、肉捲等均可。也可以事先和其他的下酒菜放在一起，隨客人選用。

　　另外，也有由參加的成員各自帶些菜餚來共同享用的方法，這也是頗有意義的。或事先決定好大致的價格，買齊材料後，熱熱鬧鬧地作出一頓美食，也是一大樂事。

散發清爽薄荷香的冰涼雞尾酒
薄荷碎冰酒 （ Mint Flape ）

甜	微甜	中間	微辣	辣

其 他

材料・器具

• 胡椒薄荷（綠色）…適量
• 碎冰

※雞尾酒杯、吸管

碎冰再加上胡椒薄荷，享受清涼感的雞尾酒，可說是夏日消暑的清涼劑，是相當爽口的雞尾酒。

①碎冰放入雞尾酒杯中，好像堆成山似的。

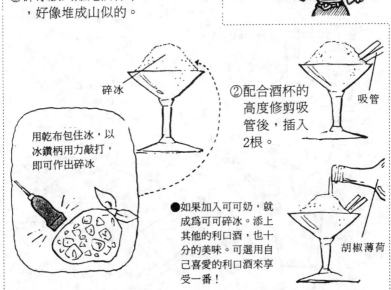

碎冰

用乾布包住冰，以冰鑽柄用力敲打，即可作出碎冰

②配合酒杯的高度修剪吸管後，插入2根。

吸管

●如果加入可可奶，就成為可可碎冰。添上其他的利口酒，也十分的美味。可選用自己喜愛的利口酒來享受一番！

胡椒薄荷

透明的淡黃色非常的美麗

刺槐（Acacia）

甜	微甜	中間	微辣	辣

搖動	攪拌	直接倒入

材料・器具

- 杜松子酒 ……………… 2/3
- 本尼迪酒 ……………… 1/3
- 蒸餾櫻桃酒 ………… 2滴

※雞尾酒杯、調酒器

正如酒名一般，好像初夏盛開的刺槐花似的，看起來賞心悅目。是帶有青春氣息的雞尾酒。蒸餾櫻桃酒，是指用櫻桃作的蒸餾酒。1928年，在南法庇里茲所舉行的雞尾酒會評鑑會中，入選為第1名的作品。

①材料放入調酒器中，加入冰。

蒸餾櫻桃酒

杜松子酒　本尼迪酒

以1,2的順序放入

冰

3

搖動

②搖動後，倒入雞尾酒杯中。

維納斯所愛的美少年
阿多尼斯 （Adionis）

甜	微甜	中間	微辣	辣

搖動	攪拌	直接倒入

材料・器具
- 雪莉酒 ……………… 2/3
- 甜苦艾酒 …………… 1/3

※雞尾酒杯、調酒器、
　濾器、調酒匙

以希臘神話中的美少年阿多尼斯為主題，調製出具有古典風味的雞尾酒。1900年代初期，就已經開始飲用了。少數嗜愛葡萄酒的人，也會混合此種雞尾酒來飲用。

①材料放入調酒杯中，加上冰，用調酒匙慢慢地攪拌。

②蓋上濾器，倒入雞尾酒杯中。

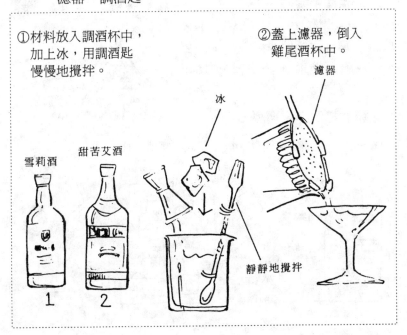

濾器

冰

雪莉酒

甜苦艾酒

靜靜地攪拌

1　　2

誕生於日本的美麗雞尾酒

櫻花 (Cherry Blossoms)

甜	微甜	中間	微辣	辣

搖動	攪拌	直接倒入

Ⓐ杜松子基酒

- 杜松子酒 ………… 45mℓ
- 木莓糖漿 ………… 2滴
- 橘子苦汁 ………… 2滴
- 蛋白 ………… 1個份

Ⓑ白蘭地基酒

- 白蘭地 ………… 1/2
- 櫻桃白蘭地 ………… 1/2
- 石榴糖漿 ………… 1tsp
- 檸檬汁 ………… 2滴

※香檳酒杯、調酒器

材料・器具

這是在一家名為橫檳之巴黎的古老酒吧中誕生的雞尾酒。由酒吧的主人田尾多三郎先生所創造出來的，曾於國際品酒大賽中獲獎。一邊欣賞窗外的夜櫻，一邊享受美麗的櫻花雞尾酒，實在是迷人的宴會。

①充分搖動Ⓐ，略加搖動Ⓑ後，倒入雞尾酒杯中。

杜松子酒 Ⓐ　　充分搖動　　　　　　　Ⓑ　　　　　　　　Ⓐ　　　　Ⓑ

1　　2 木莓糖漿　　3 橘子苦汁　　4 蛋白1個份　　略微搖動

1 白蘭地　　2 櫻桃白蘭地　　3 石榴糖漿　　4 檸檬汁

色美如彩虹一般

彩虹酒 (Poos Cate)

甜	微甜	中間	微辣	辣

其 他

材料・器具

- 石榴糖漿 ·············· 1/6
- 甜瓜利酒 ·············· 1/6
- 紫蘿蘭酒 ·············· 1/6
- 白胡椒薄荷酒 ········· 1/6
- 藍柑香酒 ·············· 1/6
- 白蘭地 ················ 1/6

※利口酒杯

與其說是用來喝，還不如說它是用來觀賞的雞尾酒，有如彩虹般美麗的雞尾酒。將吸管輕輕地插入色澤美麗的利口酒中，慢慢地吸吮。用舌頭抵住吸管的前端，再放鬆，美麗的色澤永不消失。

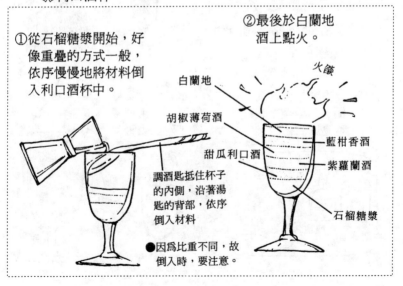

①從石榴糖漿開始，好像重疊的方式一般，依序慢慢地將材料倒入利口酒杯中。

調酒匙抵住杯子的內側，沿著湯匙的背部，依序倒入材料

●因為比重不同，故倒入時，要注意。

②最後於白蘭地酒上點火。

火燄

白蘭地

胡椒薄荷酒

甜瓜利酒

藍柑香酒

紫蘿蘭酒

石榴糖漿

充滿南國果實的甘甜香味

天蠍 (Scor pion)

甜	微甜	中間	微辣	辣

搖動	攪拌	直接倒入

材料·器具

- 白蘭姆酒 ………… 45mℓ
- 白蘭地 ………… 30mℓ
- 橘子汁 ………… 20mℓ
- 檸檬汁 ………… 20mℓ
- 萊姆汁 ………… 15mℓ
- 碎冰
- ★橘子或鳳梨、紅櫻桃等
- ※大型高腳杯、調酒器、吸管

天蠍亦即蠍子。蘭姆酒與白蘭地溶入橘子、檸檬與萊姆的風味中，喝起來彷彿是辣的果汁似的。由於蘭姆酒與白蘭地的酒精度極濃，所以全身都會感受到醉意。

①充分搖動材料以後，倒入裝滿碎冰的大型高腳酒杯中。

②將水果切出美麗的形狀，掛在邊緣，附上吸管。

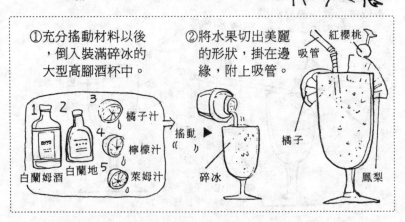

合適的六種下酒菜

「為2人之夜而準備的雞尾酒」，其下酒菜不必在意分量的多寡。

花瓣沙拉

苜蓿、蒲公英、菊花、檸檬等的花瓣，與蘭花、玫瑰花、金魚草、鬱金香、三色菫等的花苞洗淨，舖上撕開的沙拉用葉子，再加上蘑菇薄片，充分攪拌混合，淋上用橄欖油作成的調味汁，最後再撒上香檳酒。

在花瓣上撒上香檳酒，就會成為非常美觀的沙拉。最好不要買使用農藥處理過的花。

蔬菜肉拌花生醬

將煮好的雞胸肉撕開。菜豆去筋，用撒入鹽的沸水煮過，切生4cm的長度。花生醬2大匙、檸檬1/2個的擠汁，與1小匙的芥末醬充分調拌，加上等量或稍多的蛋黃醬，涼拌雞肉與菜豆。與生菜或水芹一起盛入沙拉盤中。

墨西哥式紅辣椒派

100g 的牛肉切成一口的大小，輕撒上鹽與紅胡椒粉，擱置一旁。將1/2個洋葱縱切成薄片。煮蛋1～2個略切。2大匙的葡萄乾浸泡於溫水中泡軟。青椒7～8條切成1cm的圓底。

鍋中倒入奶油，加熱溶解後，炒香洋葱與牛肉，放入3大匙番茄醬、英國辣醬油1小匙，加入指天椒（稍多些）、紅辣椒粉1小匙，以及少許胡椒調味，加上青辣椒略微混合後，混

入葡萄乾與煮蛋，盛盤。

奇異果沙拉

搗碎2個奇異果，與檸檬汁1個份，橄欖油3大匙和少許鹽混合調拌，作成法式沙拉醬。切成薄片的新鮮海扇及用白葡萄酒煮過的小蝦涼拌法式沙拉醬。用水芹葉片裝飾，盛盤。

鱷梨粉皮開胃菜

鱷梨剖為2，去子。檸檬擠汁，粉皮淋上檸檬汁。鱷梨切丁。在舖上生菜的盤中，放入這些材料。淋上用橄欖油、檸檬、砂糖調製的調味醬。用蟹肉及煮小蝦裝飾。是非常豪華的開胃菜。

醋漬蒟蒻

充分抹上鹽，切成如薄火柴盒般大的蒟蒻，事先煮好。為了去除臭味，充分煮熟後，浸泡冷水，撈起，輕撒上鹽、胡椒。1塊白蒟蒻用「葡萄酒醋1.5大匙、鹽1/2小匙、砂糖1小匙、蒜屑1小匙、沙拉油4～5大匙充分調拌」作成的調味醬來調味。放入冰箱中冷藏半天。在器皿中舖上生菜等裝飾材料。將蒟蒻放入盤中，淋上
檸檬汁，撒上紅辣椒。

蒟蒻　紅辣椒

檸檬汁

生菜

Selection 7
含有豐富維他命的雞尾酒

有助於美容與健康

⊙

充滿清新的效果

約翰柯林茲（John Collins）

甜	微甜	中間	微辣	辣

搖動	攪拌	直接倒入

材料・器具

- 威士忌 …………… 60mℓ
- 檸檬汁 …………… 20mℓ
- 砂糖 …………………… 2tsp
- 蘇打水 ……………… 適量

★檸檬、紅櫻桃

※冰鎮果子酒杯、調酒器

19世紀初期，由倫敦的服務生約翰柯林茲所創造的古典雞尾酒。當時是使用荷蘭杜松子酒，現在多半是使用威士忌來調製。一邊享受蘇打水磞跳的氣泡，一邊飲用，是口感十足的雞尾酒。

①除了蘇打以外，搖動其他的材料。

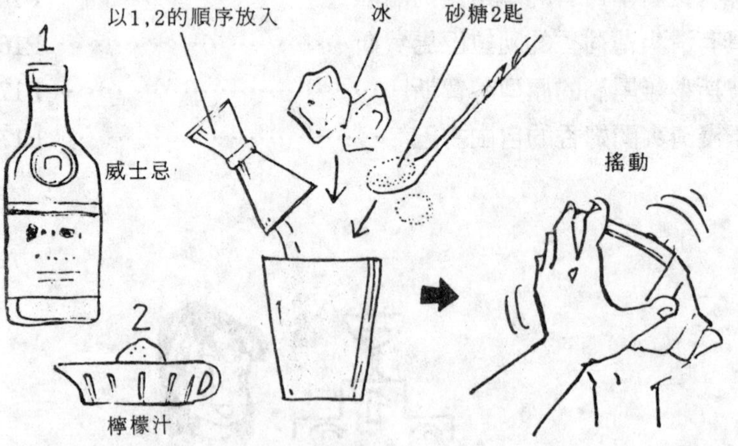
以1,2的順序放入
冰
砂糖2匙
1
威士忌
2
檸檬汁
搖動

威士忌基酒的代表性雞尾酒

　　即使是使用細長的冰鎮果子酒杯，也能夠留下名聲的古典雞尾酒，即是約翰柯林茲。威士忌特有的濃郁味道，藉著檸檬汁的香氣及蘇打水，變得格外的清爽。檸檬的爽口與砂糖的甘甜，充分清新的效果，也能夠充分品嚐到威士忌酒的風味，堪稱是能夠爽快享受的雞尾酒。

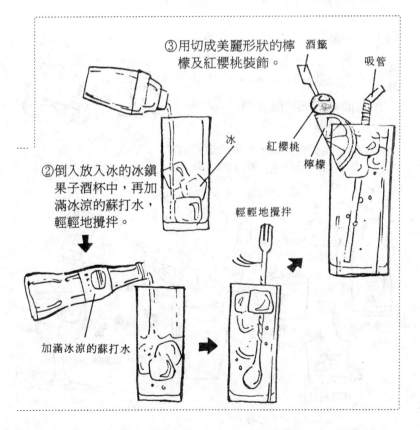

③用切成美麗形狀的檸檬及紅櫻桃裝飾。

酒籤

吸管

冰

紅櫻桃

檸檬

②倒入放入冰的冰鎮果子酒杯中，再加滿冰涼的蘇打水，輕輕地攪拌。

輕輕地攪拌

加滿冰涼的蘇打水

享受草莓香
草莓蘭姆甜酒 (Strawberry Rum Flip)

甜	微甜	中間	微辣	辣

搖動	攪拌	直接倒入

材料‧器具

- 白蘭姆酒 ………… 35mℓ
- 草莓利口酒 …… 30mℓ
- 檸檬汁 ……………… 1tsp
- 砂糖 ……………… 1.5tsp
- 蛋 ……………… 1個份
- 肉荳蔻 …………… 少量

※葡萄酒杯或酸味酒杯、
　調酒器

甜酒指的是放入蛋與砂糖的雞尾酒。一邊享受蘭姆獨特的香味及草莓香，一邊藉著營養豐富的雞尾酒，擁有健康的每一天……。

①充分搖動材料以後，倒入葡萄酒
　杯或酸味酒杯中，撒上肉荳蔻。

以1,2的順序放入　雞蛋　撒上肉荳蔻

檸檬汁

白蘭姆酒　砂糖

草莓利口酒

以3,4的順序放入　搖動

葡萄酒杯或酸味酒杯

具有清爽薄荷香
阿拉巴馬費斯 (Alabama Fizz)

甜	微甜	中間	微辣	辣

搖動	攪拌	直接倒入

最近，薄荷是頗受注目的植物，因為有市售的薄荷盆栽，故只要在家中種上一盆，即可便於製作雞尾酒了。

材料・器具

- 杜松子酒 ………… 45mℓ
- 檸檬汁 ………… 20mℓ
- 砂糖 ………… 3tsp
- 蘇打水 ………… 適量

★薄荷葉
※無腳酒杯、調酒器

①除了蘇打水以外，搖動其他的材料。

②倒入放入2～3個冰塊的無腳酒中，加滿蘇打水，用薄荷葉裝飾。

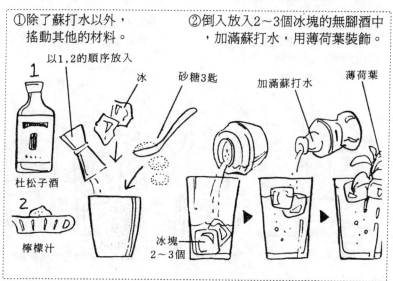

以1,2的順序放入

1 杜松子酒
2 檸檬汁

冰　砂糖3匙　加滿蘇打水　薄荷葉

冰塊 2～3個

費斯型雞尾酒的原型
琴費斯 (Gin Fizz)

甜	微甜	中間	微辣	辣

搖動	攪拌	直接倒入

材料·器具

- 杜松子酒 ············· 45ml
- 檸檬汁 ············· 15ml
- 膠糖蜜 ············· 2tsp
- 蘇打水 ············· 適量

★檸檬（或橘子）
※無腳酒杯、調酒器

1888年，在美國新奧爾良的亨利·拉莫斯所調配的富於歷史性的雞尾酒。具有檸檬香、糖漿的甘甜及蘇打的氣泡，全部能夠引出杜松子酒的甘甜風味。

①除了蘇打以外，其他的材料全部放入調酒器中，加上冰塊後，搖動。

②倒入放入3～4個冰塊的無腳酒杯中，加滿蘇打水。

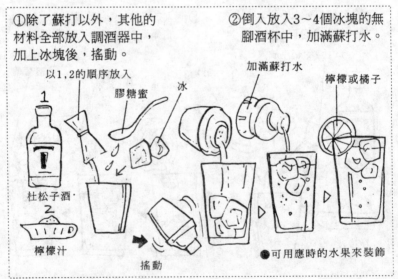

以1,2的順序放入

膠糖蜜　　冰

加滿蘇打水　　檸檬或橘子

杜松子酒

檸檬汁

搖動

●可用應時的水果來裝飾

由喉嚨來品嚐爽快感

自由古巴 (Cuba Libre)

甜	微甜	中間	微辣	辣

搖動	攪拌	直接倒入

據說在古巴獨立戰爭時的口號是「自由古巴萬歲！」這個雞尾酒即是以此來命名。在可樂與檸檬當中，瀰漫著蘭姆酒的香氣。

材料・器具

- 白蘭姆酒 ………… 45mℓ
- 檸檬 …………… 1/4個
- 可樂…………… 適量

※無腳酒杯、攪拌棒

①將2～3個冰塊去放入無腳酒杯中，擠入檸檬汁，然後，直接將檸檬丟入酒杯中。

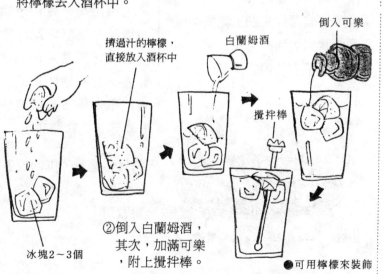

倒入可樂

白蘭姆酒

擠過汁的檸檬，直接放入酒杯中

攪拌棒

②倒入白蘭姆酒，其次，加滿可樂，附上攪拌棒。

冰塊2～3個

●可用檸檬來裝飾

合適的下酒菜

美式沙拉

材料 4人份：雞肉、火腿各200g 蠶豆300g 蘆筍1罐 甜菜70g 煮蛋2個 橄欖10個 香腸50g 胡蘿蔔4個 加工乾酪100g 蛋黃醬適量 酸黃瓜3條 鹽、胡椒

〈作法〉

①雞肉煮熟。不論是蒸或烤，都可以切成1口的大小。

②煮蛋一切為二，取出蛋黃，壓醉以後，加入1大匙蛋黃醬調拌，塞入蛋白中。

③蠶豆用鹽水煮軟。甜菜煮過後，切成適當的大小。

④香腸切成薄片。加工乾酪切成長條狀。火腿對切為二。

⑤胡蘿蔔留下美麗的葉子，去除根。

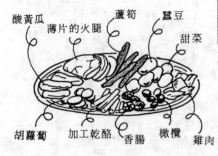

酸黃瓜　薄片的火腿　蘆筍　蠶豆　甜菜　胡蘿蔔　加工乾酪　香腸　橄欖　雞肉

啤酒料理

猪肉用啤酒煮過以後，能夠適度地去除脂肪而變軟。在大鍋中，倒入1瓶啤酒，用煮沸的啤酒煮切成薄片的猪肉，再用醋、醬油、胡椒調味，或整塊用啤酒煮過後切成薄片，沾辣醬油來吃。是能夠使人夏日不知懶散為何物的「創造體力料理」。

⑥將材料盛盤，排列成美麗的圖案，添上蛋黃醬，隨意取用。

大展出版社有限公司　圖書目錄

地址：台北市北投區11204　　電話：(02) 8236031
　　　致遠一路二段12巷1號　　　　　　8236033
郵撥：0166955～1　　　　　　傳眞：(02) 8272069

• 法律專欄連載 • 電腦編號 58

台大法學院　法律學系／策劃
　　　　　　法律服務社／編著

①別讓您的權利睡著了1		200元
②別讓您的權利睡著了2		200元

• 秘傳占卜系列 • 電腦編號 14

①手相術	淺野八郎著	150元
②人相術	淺野八郎著	150元
③西洋占星術	淺野八郎著	150元
④中國神奇占卜	淺野八郎著	150元
⑤夢判斷	淺野八郎著	150元
⑥前世、來世占卜	淺野八郎著	150元
⑦法國式血型學	淺野八郎著	150元
⑧靈感、符咒學	淺野八郎著	150元

• 趣味心理講座 • 電腦編號 15

①性格測驗 1	探索男與女	淺野八郎著	140元
②性格測驗 2	透視人心奧秘	淺野八郎著	140元
③性格測驗 3	發現陌生的自己	淺野八郎著	140元
④性格測驗 4	發現你的真面目	淺野八郎著	140元
⑤性格測驗 5	讓你們吃驚	淺野八郎著	140元
⑥性格測驗 6	洞穿心理盲點	淺野八郎著	140元
⑦性格測驗 7	探索對方心理	淺野八郎著	140元
⑧性格測驗 8	由吃認識自己	淺野八郎著	140元
⑨性格測驗 9	戀愛知多少	淺野八郎著	140元
⑩性格測驗10	由裝扮瞭解人心	淺野八郎著	140元
⑪性格測驗11	敲開內心玄機	淺野八郎著	140元
⑫性格測驗12	透視你的未來	淺野八郎著	140元
⑬血型與你的一生		淺野八郎著	140元

⑭趣味推理遊戲　　　　　　　　　淺野八郎著　140元

・婦 幼 天 地・電腦編號 16

①八萬人減肥成果　　　　　　　　黃靜香譯　150元
②三分鐘減肥體操　　　　　　　　楊鴻儒譯　130元
③窈窕淑女美髮秘訣　　　　　　　柯素娥譯　130元
④使妳更迷人　　　　　　　　　　成　玉譯　130元
⑤女性的更年期　　　　　　　　　官舒妍編譯　130元
⑥胎內育兒法　　　　　　　　　　李玉瓊編譯　120元
⑦早產兒袋鼠式護理　　　　　　　唐岱蘭譯　200元
⑧初次懷孕與生產　　　　　　婦幼天地編譯組　180元
⑨初次育兒12個月　　　　　　婦幼天地編譯組　180元
⑩斷乳食與幼兒食　　　　　　婦幼天地編譯組　180元
⑪培養幼兒能力與性向　　　　婦幼天地編譯組　180元
⑫培養幼兒創造力的玩具與遊戲　婦幼天地編譯組　180元
⑬幼兒的症狀與疾病　　　　　　婦幼天地編譯組　180元
⑭腿部苗條健美法　　　　　　婦幼天地編譯組　150元
⑮女性腰痛別忽視　　　　　　婦幼天地編譯組　150元
⑯舒展身心體操術　　　　　　　　李玉瓊編譯　130元
⑰三分鐘臉部體操　　　　　　　　趙薇妮著　120元
⑱生動的笑容表情術　　　　　　　趙薇妮著　120元
⑲心曠神怡減肥法　　　　　　　川津祐介著　130元
⑳內衣使妳更美麗　　　　　　　　陳玄茹譯　130元
㉑瑜伽美姿美容　　　　　　　　　黃靜香編著　150元
㉒高雅女性裝扮學　　　　　　　　陳珮玲譯　180元
㉓蠶糞肌膚美顏法　　　　　　　坂梨秀子著　160元
㉔認識妳的身體　　　　　　　　　李玉瓊譯　160元

・青 春 天 地・電腦編號 17

①A血型與星座　　　　　　　　　柯素娥編譯　120元
②B血型與星座　　　　　　　　　柯素娥編譯　120元
③O血型與星座　　　　　　　　　柯素娥編譯　120元
④AB血型與星座　　　　　　　　柯素娥編譯　120元
⑤青春期性教室　　　　　　　　　呂貴嵐編譯　130元
⑥事半功倍讀書法　　　　　　　　王毅希編譯　130元
⑦難解數學破題　　　　　　　　　宋釗宜編譯　130元
⑧速算解題技巧　　　　　　　　　宋釗宜編譯　130元
⑨小論文寫作秘訣　　　　　　　　林顯茂編譯　120元
⑩視力恢復！超速讀術　　　　　　江錦雲譯　130元

⑪中學生野外遊戲　　　　　熊谷康編著　　120元
⑫恐怖極短篇　　　　　　　柯素娥編譯　　130元
⑬恐怖夜話　　　　　　　　小毛驢編譯　　130元
⑭恐怖幽默短篇　　　　　　小毛驢編譯　　120元
⑮黑色幽默短篇　　　　　　小毛驢編譯　　120元
⑯靈異怪談　　　　　　　　小毛驢編譯　　130元
⑰錯覺遊戲　　　　　　　　小毛驢編譯　　130元
⑱整人遊戲　　　　　　　　小毛驢編譯　　120元
⑲有趣的超常識　　　　　　柯素娥編譯　　130元
⑳哦！原來如此　　　　　　林慶旺編譯　　130元
㉑趣味競賽100種　　　　　劉名揚編譯　　120元
㉒數學謎題入門　　　　　　宋釗宜編譯　　150元
㉓數學謎題解析　　　　　　宋釗宜編譯　　150元
㉔透視男女心理　　　　　　林慶旺編譯　　120元
㉕少女情懷的自白　　　　　李桂蘭編譯　　120元
㉖由兄弟姊妹看命運　　　　李玉瓊編譯　　130元
㉗趣味的科學魔術　　　　　林慶旺編譯　　150元
㉘趣味的心理實驗室　　　　李燕玲編譯　　150元
㉙愛與性心理測驗　　　　　小毛驢編譯　　130元
㉚刑案推理解謎　　　　　　小毛驢編譯　　130元
㉛偵探常識推理　　　　　　小毛驢編譯　　130元
㉜偵探常識解謎　　　　　　小毛驢編譯　　130元
㉝偵探推理遊戲　　　　　　小毛驢編譯　　130元
㉞趣味的超魔術　　　　　　廖玉山編著　　150元
㉟趣味的珍奇發明　　　　　柯素娥編著　　150元

・健 康 天 地・ 電腦編號 18

①壓力的預防與治療　　　　柯素娥編譯　　130元
②超科學氣的魔力　　　　　柯素娥編譯　　130元
③尿療法治病的神奇　　　　中尾良一著　　130元
④鐵證如山的尿療法奇蹟　　廖玉山譯　　　120元
⑤一日斷食健康法　　　　　葉慈容編譯　　120元
⑥胃部強健法　　　　　　　陳炳崑譯　　　120元
⑦癌症早期檢查法　　　　　廖松濤譯　　　130元
⑧老人痴呆症防止法　　　　柯素娥編譯　　130元
⑨松葉汁健康飲料　　　　　陳麗芬編譯　　130元
⑩揉肚臍健康法　　　　　　永井秋夫著　　150元
⑪過勞死、猝死的預防　　　卓秀貞編譯　　130元
⑫高血壓治療與飲食　　　　藤山順豐著　　150元
⑬老人看護指南　　　　　　柯素娥編譯　　150元

⑭美容外科淺談　　　　　　楊啟宏著　150元
⑮美容外科新境界　　　　　楊啟宏著　150元
⑯鹽是天然的醫生　　　　　西英司郎著　140元
⑰年輕十歲不是夢　　　　　梁瑞麟譯　200元
⑱茶料理治百病　　　　　　桑野和民著　180元
⑲綠茶治病寶典　　　　　　桑野和民著　150元
⑳杜仲茶養顏減肥法　　　　西田博著　150元
㉑蜂膠驚人療效　　　　　　瀨長艮三郎著　160元
㉒蜂膠治百病　　　　　　　瀨長艮三郎著　元

• 實用女性學講座 • 電腦編號 19

①解讀女性內心世界　　　　島田一男著　150元
②塑造成熟的女性　　　　　島田一男著　150元

• 校 園 系 列 • 電腦編號 20

①讀書集中術　　　　　　　多湖輝著　150元
②應考的訣竅　　　　　　　多湖輝著　150元
③輕鬆讀書贏得聯考　　　　多湖輝著　150元
④讀書記憶秘訣　　　　　　多湖輝著　150元

• 實用心理學講座 • 電腦編號 21

①拆穿欺騙伎倆　　　　　　多湖輝著　140元
②創造好構想　　　　　　　多湖輝著　140元
③面對面心理術　　　　　　多湖輝著　140元
④偽裝心理術　　　　　　　多湖輝著　140元
⑤透視人性弱點　　　　　　多湖輝著　140元
⑥自我表現術　　　　　　　多湖輝著　150元
⑦不可思議的人性心理　　　多湖輝著　150元
⑧催眠術入門　　　　　　　多湖輝著　150元
⑨責罵部屬的藝術　　　　　多湖輝著　150元
⑩精神力　　　　　　　　　多湖輝著　150元
⑪厚黑說服術　　　　　　　多湖輝著　150元
⑫集中力　　　　　　　　　多湖輝著　150元

• 超現實心理講座 • 電腦編號 22

①超意識覺醒法　　　　　　詹蔚芬編譯　130元
②護摩秘法與人生　　　　　劉名揚編譯　130元

③秘法！超級仙術入門　　　　　　　陸　明譯　150元
④給地球人的訊息　　　　　　　　柯素娥編著　150元
⑤密敎的神通力　　　　　　　　　劉名揚編著　130元
⑥神秘奇妙的世界　　　　　　　　平川陽一著　180元

・養 生 保 健・電腦編號 23

①醫療養生氣功　　　　　　　　　　黃孝寬著　250元
②中國氣功圖譜　　　　　　　　　　余功保著　230元
③少林醫療氣功精粹　　　　　　　　井玉蘭著　250元
④龍形實用氣功　　　　　　　　　吳大才等著　220元
⑤魚戲增視強身氣功　　　　　　　　宮　嬰著　220元
⑥嚴新氣功　　　　　　　　　　　前新培金著　250元
⑦道家玄牝氣功　　　　　　　　　　張　章著　　元
⑧仙家秘傳袪病功　　　　　　　　李遠國著　　元

・心 靈 雅 集・電腦編號 00

①禪言佛語看人生　　　　　　　　松濤弘道著　180元
②禪密敎的奧秘　　　　　　　　　　葉逯謙譯　120元
③觀音大法力　　　　　　　　　　田口日勝著　120元
④觀音法力的大功德　　　　　　　田口日勝著　120元
⑤達摩禪106智慧　　　　　　　　　劉華亭編譯　150元
⑥有趣的佛敎研究　　　　　　　　葉逯謙編譯　120元
⑦夢的開運法　　　　　　　　　　　蕭京凌譯　130元
⑧禪學智慧　　　　　　　　　　　柯素娥編譯　130元
⑨女性佛敎入門　　　　　　　　　　許俐萍譯　110元
⑩佛像小百科　　　　　　　　　心靈雅集編譯組　130元
⑪佛敎小百科趣談　　　　　　　心靈雅集編譯組　120元
⑫佛敎小百科漫談　　　　　　　心靈雅集編譯組　150元
⑬佛敎知識小百科　　　　　　　心靈雅集編譯組　150元
⑭佛學名言智慧　　　　　　　　　松濤弘道著　180元
⑮釋迦名言智慧　　　　　　　　　松濤弘道著　180元
⑯活人禪　　　　　　　　　　　　平田精耕著　120元
⑰坐禪入門　　　　　　　　　　　柯素娥編譯　120元
⑱現代禪悟　　　　　　　　　　　柯素娥編譯　130元
⑲道元禪師語錄　　　　　　　　心靈雅集編譯組　130元
⑳佛學經典指南　　　　　　　　心靈雅集編譯組　130元
㉑何謂「生」　阿含經　　　　　心靈雅集編譯組　150元
㉒一切皆空　般若心經　　　　　心靈雅集編譯組　150元
㉓超越迷惘　法句經　　　　　　心靈雅集編譯組　130元

・健 康 與 美 容・電腦編號 04

・家庭／生活・電腦編號05

·命理與預言· 電腦編號 06

⑦關心孩子的眼睛	陸明編	70元
⑧如何生育優秀下一代	邱夢蕾編著	100元
⑨父母如何與子女相處	安紀芳編譯	80元
⑩現代育兒指南	劉華亭編譯	90元
⑫如何培養自立的下一代	黃靜香編譯	80元
⑬使用雙手增強腦力	沈永嘉編譯	70元
⑭教養孩子的母親暗示法	多湖輝著	90元
⑮奇蹟教養法	鐘文訓編譯	90元
⑯慈父嚴母的時代	多湖輝著	90元
⑰如何發現問題兒童的才智	林慶旺譯	100元
⑱再見！夜尿症	黃靜香編譯	90元
⑲育兒新智慧	黃靜編譯	90元
⑳長子培育術	劉華亭編譯	80元
㉑親子運動遊戲	蕭京凌編譯	90元
㉒一分鐘刺激會話法	鐘文訓編著	90元
㉓啟發孩子讀書的興趣	李玉瓊編著	100元
㉔如何使孩子更聰明	黃靜編著	100元
㉕3・4歲育兒寶典	黃靜香編譯	100元
㉖一對一教育法	林振輝編譯	100元
㉗母親的七大過失	鐘文訓編譯	100元
㉘幼兒才能開發測驗	蕭京凌編譯	100元
㉙教養孩子的智慧之眼	黃靜香編譯	100元
㉚如何創造天才兒童	林振輝編譯	90元
㉛如何使孩子數學滿點	林明嬋編著	100元

・消 遣 特 輯・電腦編號 08

①小動物飼養秘訣	徐道政譯	120元
②狗的飼養與訓練	張文志譯	100元
③四季釣魚法	釣朋會編	120元
④鴿的飼養與訓練	林振輝譯	120元
⑤金魚飼養法	鐘文訓編譯	130元
⑥熱帶魚飼養法	鐘文訓編譯	180元
⑦有趣的科學（動腦時間）	蘇燕謀譯	70元
⑧妙事多多	金家驊編譯	80元
⑨有趣的性知識	蘇燕謀編譯	100元
⑩圖解攝影技巧	譚繼山編譯	220元
⑪100種小鳥養育法	譚繼山編譯	200元
⑫樸克牌遊戲與贏牌秘訣	林振輝編譯	120元
⑬遊戲與餘興節目	廖松濤編著	100元
⑭樸克牌魔術・算命・遊戲	林振輝編譯	100元

⑯世界怪動物之謎	王家成譯	90元
⑰有趣智商測驗	譚繼山譯	120元
⑲絕妙電話遊戲	開心俱樂部著	80元
⑳透視超能力	廖玉山譯	90元
㉑戶外登山野營	劉青篁編譯	90元
㉒測驗你的智力	蕭京凌編著	90元
㉓有趣數字遊戲	廖玉山編著	90元
㉔巴士旅行遊戲	陳羲編著	110元
㉕快樂的生活常識	林泰彥編著	90元
㉖室內室外遊戲	蕭京凌編著	110元
㉗神奇的火柴棒測驗術	廖玉山編著	100元
㉘醫學趣味問答	陸明編譯	90元
㉙樸克牌單人遊戲	周蓮芬編譯	100元
㉚靈驗樸克牌占卜	周蓮芬編譯	120元
㉜性趣無窮	蕭京凌編譯	110元
㉝歡樂遊戲手册	張汝明編譯	100元
㉞美國技藝大全	程玫立編譯	100元
㉟聚會即興表演	高育強編譯	90元
㊱恐怖幽默	幽默選集編譯組	120元
㊲兩性幽默	幽默選集編譯組	100元
㊹藝術家幽默	幽默選集編譯組	100元
㊺旅遊幽默	幽默選集編譯組	100元
㊻投機幽默	幽默選集編譯組	100元
㊼異色幽默	幽默選集編譯組	100元
㊽青春幽默	幽默選集編譯組	100元
㊾焦點幽默	幽默選集編譯組	100元
㊿政治幽默	幽默選集編譯組	130元
(51)美國式幽默	幽默選集編譯組	130元

・語文特輯・電腦編號 09

①日本話1000句速成	王復華編著	30元
②美國話1000句速成	吳銘編著	30元
③美國話1000句速成　附卡帶		220元
④日本話1000句速成　附卡帶		220元
⑤簡明日本話速成	陳炳崑編著	90元

・武術特輯・電腦編號 10

①陳式太極拳入門	馮志強編著	150元
②武式太極拳	郝少如編著	150元

國立中央圖書館出版品預行編目資料

雞尾酒大全/法蘭西著；今井清監修；劉雪卿譯，
　　——初版——臺北市；大展，民83
　　面；　　公分，——（家庭生活；46）
　　譯自：樂しく味わうカクテル・ノート
　　ISBN 957-557-486-9（平裝）

　　1.酒

427.43　　　　　　　　　　　　　　83011756

KAKUTERU NOTO
Copyright c FRANCE
Originally published in Japan in 1989 by IKEDA SHOTEN
PUBLISHING CO.,LTD.
Chinese translation rights arranged through KEIO CULTURAL
ENTERPRISE CO.,LTD. TAIPEI.

雞尾酒大全

ISBN　957-557-486-9

原 著 者/ 法　蘭　西　　　　　監　　修/ 今　井　清
編 譯 者/ 劉　雪　卿　　　　　承 印 者/ 高星企業有限公司
發 行 人/ 蔡　森　明　　　　　裝　　訂/ 日新裝訂所
出 版 者/ 大展出版社有限公司　排 版 者/ 宏益電腦排版有限公司
社　　址/ 台北市北投區（石牌）　電　　話/ （02）5611592
　　　　　致遠一路2段12巷1號
電　　話/ （02）8236031·8236033　初　　版/ 1994年（民83年）12月
傳　　眞/ （02）8272069
郵政劃撥/ 0166955-1
登 記 證/ 局版臺業字第2171號　　定　　價/ 180元